蕾絲 / 荷葉 / 花邊 / 格紋 / 立體雕花

法式浪漫古典
糖霜餅乾

U0038191

Contents

前言　P.4

Part.1 糖霜餅乾（基本功）

餅乾的作法　P.6

立體餅乾的烤法　P.7

糖霜的調合&硬度　P.8

法式古典調色　P.9

擠花袋 糖霜基底 平面圖案畫法　P.10

裝飾花邊　P.11

刷繡法　P.12

擠花　P.13

彩繪的基礎知識　P.14

彩繪技法　P.15

立體翻糖　P.16

Q&A　P.17

Part.2 糖霜餅乾（主題創作）

P.20
Mason Jar
梅森罐

P.22
Flower
花卉

P.24
Eyelet Lace
蕾絲

P.26
Needle Point
網繡

P.28
Lemon
檸檬

P.30
Modern Wedding
摩登婚禮

P.32
Color Embroidery & Color Needle Point
彩色刺繡 &彩色網繡

P.34
Kid's Toy
玩具

P.36
Handkerchief
手帕

P.38
3D Butterfly & Flower
立體蝴蝶&花卉

P.40
Babyshower
誕生禮物

P.42
Quilting
拼布

P.44
Ballet
芭蕾

P.46
Dress
洋裝

P.48
Tea Time
午茶時光

P.50
Wreath
花圈

P.52
Birdcage
鳥籠

P.54
Swan
天鵝

P.56
Frame
相框

P.58
Color Embroidery
彩色刺繡

P.60
Color Lace
彩色蕾絲

P.62
Bridal
婚禮

P.64
3D Heart
立體愛心

P.66
3D Egg
立體彩蛋

Part.3
糖霜餅乾
（創意彩繪）

P.70
Denim
丹寧風

P.72
Chalk Board
黑板彩繪

P.74
Pattern
彩繪底紋

P.76
Garden
花園

P.78
Angel
天使

P.80
Texture
花樣

P.82
Stamp
印章

P.84
Elegant Flower
優雅花卉

P.86
Motif
主題圖案

P.88
Fruit
水果

P.90
Antique Letter
懷舊信件

P.92
Butterfly
蝴蝶

P.94
Landscape Painting
風景畫

前 言

直至數年前，日本各地幾乎還看不見糖霜餅乾的蹤跡，更是無從學起。然而現在卻漸漸地流行起來，不僅到處都可以買得到糖霜餅乾，還能自己學習製作，真是一件令人興奮的事。

在日本越來越多人自己在家中製作，形成了一股手作糖霜餅乾的風潮。

一般社団法人日本サロネーゼ協会（JSA）是第一個在日本開設可取得講師資格講座的協會。擁有超過1700位講師在日本各地一展長才，將製作糖霜餅乾的樂趣和歡笑散播至全日本。

製作糖霜餅乾是一件令人著迷的事。為了技巧上的精益求精，嘗試挑戰各種難度的作品。在糖霜的世界中，技術仍不斷進化中呢！

本協會持續著每年數次遠赴砂糖藝術的發源地——英國學習世界最先進的糖霜技巧，再透過講座將新技巧傳授給講師。使擁有高超技術的講師能第一時間汲取最新技法，並期許能由日本推廣至世界。

本書是由協會中最優秀的講師群所精選出來的作品集。書中所刊載的精緻作品已超越「糖霜餅乾」的框架，更進一步邁向「糖霜藝術」。

講師們毫不吝於將各種最新技巧、創意和設計公開，希望此書能滿足進階糖霜愛好者的需求。

更希望本書能為您的製作帶來幫助。

一般社団法人日本サロネーゼ協会
代表理事　桔梗 有香子

餅乾的作法

以下要介紹的是適合搭配糖霜的
不甜膩餅乾。

材料	
奶油（無鹽）	90g
細白砂糖	70g
香草油	適量
蛋液	25 g
低筋麵粉	200 g

1. 將奶油和砂糖混拌

將回復至常溫的奶油以打蛋器壓
散，加入細白砂糖和香草油打發
至白色霜狀。

2. 加入蛋液混合

將蛋液分2次加入，每次加入都要
讓蛋液被充分吸收。

3. 揉合麵團

加入已過篩的低筋麵粉，以刮刀
壓拌混合，在以手揉至表面呈現
光澤狀後，放入冷藏室鬆弛30分
以上。

4. 放入烤箱烘烤

以擀麵棍將麵團擀成5mm厚，再
以模型壓出形狀並放在鋪有烘焙
紙的烤盤上，放入預熱至180℃
的烤箱，烘烤約15分鐘。

5. 變化版巧克力麵團

將10%麵粉以黑可可粉取代，即
可製作巧克力餅乾。

完成

6.
出爐。

POINT

- 若麵團難以脫模，可在餅乾模上撒高筋麵
  粉。

- 將麵團放入塑膠袋中擀平，過程簡單又衛
  生。還可連同塑膠袋一起放入冷凍保存。

立體餅乾的烤法

學會平面糖霜餅乾後，就一起來挑戰立體餅乾吧！
使用蛋糕矽膠模、不鏽鋼布丁模或生蛋製作，
再依創意可烤出各種形狀的立體餅乾。

立體心形

（P.64所使用的糖霜餅乾）

1. 壓出形狀

將P.6的餅乾麵團擀成5mm厚，並壓出心形。

2. 覆蓋上麵團

將麵團覆蓋在愛心模上，並以手指將按壓貼合。

3. 烘烤

以180℃烘烤約18分，冷卻後再脫模。

立體蛋形

（P.66所使用的糖霜餅乾）

1. 製作烤模

將整個蛋形以鋁箔紙包覆，製作烤模。

2. 製作底座

以錫箔紙製作的簡易置蛋器放置蛋形，以防止蛋滾動。

3. 包覆上麵團

以擀成3mm厚、比蛋大一圈的麵團包覆蛋的1/3，其他的部分以刀子切除。

4. 以烤箱烘烤

放入已預熱好的烤箱（180℃）烘烤15分鐘左右。

5. 翻面

移除蛋模，將餅乾翻面放置在鋁箔環上，烘烤內側（以180℃烤10分左右）。

完成

6.
出爐。

COLUMN

以烤箱烤過的蛋會完全熟透。
請和水煮蛋一樣直接作成蛋沙拉等料理美味地享用吧！
※剛出爐時請小心燙手。

POINT

• 蛋模的導熱性不如餅乾模，因此內側也需確實烤熟喔！

糖霜的調合&硬度

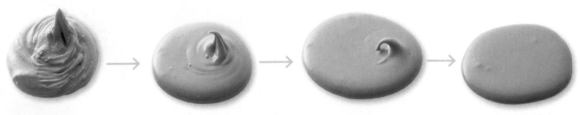

中等糖霜配方

材料
JSA蛋白糖霜粉 200g
水 24cc左右

將材料放進調理盆中輕輕混合，以手提式電動攪拌器低速攪打約10分鐘（或以橡皮刮刀徹底攪拌10分鐘）。

※蛋白糖霜粉可以糖粉200g、乾燥蛋白粉5g、水30cc取代。

確實攪拌可使蛋白霜潔白蓬鬆，讓完成的作品更臻美麗。
攪拌不足時則會使乾燥後呈現透明狀，有可能會造成剝落、出水。

糖霜的硬度

硬性
可拉出挺直的尖角。

中等
尖角會慢慢垂下。

略濕
尖角會立即垂下。

濕性（軟性）
滴落後5秒之內會攤平。

硬性…使用於花瓣擠花、葉子擠花和隨意塗抹。

中等…使用於描繪輪廓線、文字或圖案。

略濕…使用於模版或網繪填色。

濕性（軟性）…使用於填色及繪製平面圖案。

法式古典調色

糖霜的調色是以牙籤分次少量的方式進行。調色完成後，加入咖啡色可調和成溫暖的古董色調；加入黑色則變成具有風格的沉穩色系。在加入黑色時，請以極少量且分次慢慢加入。

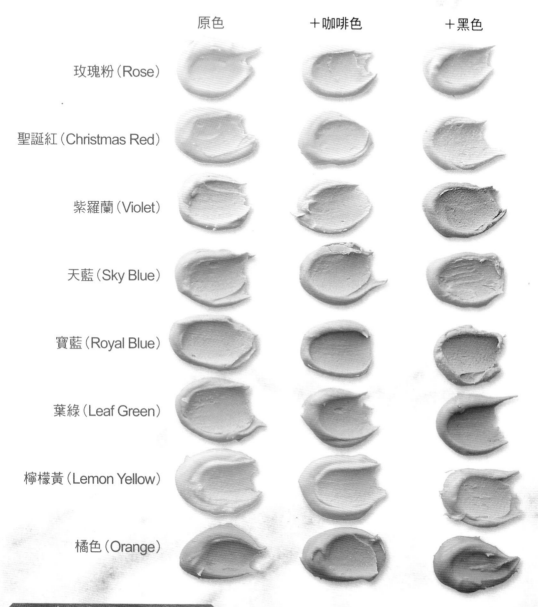

	原色	＋咖啡色	＋黑色
玫瑰粉（Rose）			
聖誕紅（Christmas Red）			
紫羅蘭（Violet）			
天藍（Sky Blue）			
寶藍（Royal Blue）			
葉綠（Leaf Green）			
檸檬黃（Lemon Yellow）			
橘色（Orange）			

多種顏色的混色

WEDGWOOD藍	鮭魚粉	薩克森藍	金色	銀色	古銅色
天藍色＋聖誕紅	聖誕紅＋檸檬黃	紫羅蘭＋天藍色	檸檬黃＋橘＋栗棕色（Marron Brown）	少量黑色	栗棕色＋聖誕紅＋黑色

※待金色、銀色和古銅色糖霜的表面乾燥後，塗上少量琴酒（或30度以上的透明酒精）調合的食用珠光亮粉。

擠花袋 ※為了清楚呈現，使用烘焙紙示範。

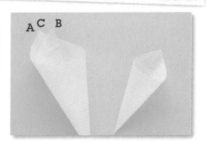

POINT
- 可依照糖霜的用量調整簡易擠花袋的大小。

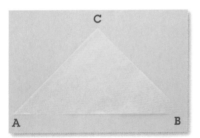

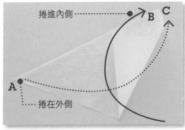

1. 等腰三角形

將20cm×20cm正方形玻璃紙（OPP紙）從對角線裁剪成一半。

2. 捲起

重疊B和C捲一圈，再將A捲起，置於C的後方。

3. 以訂書機固定

在ABC的重疊處以訂書機固定。

糖霜基底

1. 描繪輪廓線

剪去簡易擠花袋前端2mm至3mm，以懸空的方式擠上中等糖霜框起四周。

2. 填滿

以柔軟的糖霜從邊緣開始塗滿。

3. 填平角落

以牙籤或針筆仔細將角落也塗滿，成品就會很漂亮。

平面圖案畫法（wet on wet）

玫瑰花紋

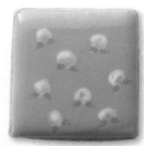

完成

3.

畫上綠色圓點，以針筆從內部由上往下拉，葉子就完成了。

1. 畫上圓點

在上述3.乾燥前，畫上兩色重疊的圓點圖案。

2. 寫の字

以針筆像是寫の字般勾勒出玫瑰花紋。

POINT
- 訣竅在於要在表面乾燥前迅速作業。
- 若底色為深色時，使用淡色圓點花紋就會十分明顯。

裝飾花邊

以圓點、水滴、曲線的搭配組合，描繪出各種圖案和邊框。
也可以印下本頁放入透明資料夾中，照圖描繪練習滾邊裝飾。

基本變化

POINT

- 圓點呈垂直擠出，並在裡面迅速畫の字。
- 當拉出尖角時，以微濕的細筆撫平。
- 水滴以略微懸空的狀態開始擠花，最後放鬆力道輕輕地在基底上摩擦。

應用

POINT

- 開始與結束時，將簡易擠花袋的開口輕壓在基底上。
- 描繪線條時，以懸空的方式進行。將擠花袋稍微倒向行進方向以拖曳的方式描繪為佳。

COLUMN

裱花的裝飾只要勤加練習，進步速度就會越快。即使不烤餅乾，也可以擠在烘焙紙、透明資料夾或砧板，任何平面都能輕鬆練習喔！

刷繡法

何謂刷繡法？

刷繡的原文是Brush embroidery，
其中Brush是筆刷之意，
而embroidery則是意指刺繡。
在糖霜技法中，意即將擠出的糖霜
以筆刷渲染開，呈現出宛如刺繡般
質感。

基礎畫法

花形模

1. 打草稿

為了繪製出統一的花紋，先以針
筆刻劃出痕跡的方式打上草圖。

2. 壓出形狀

使用翻糖基底時，以餅乾模或印
章壓出圖案。

POINT
• 擠出的量若太少就
  無法暈染得漂亮，
  稍微擠多一點吧！

POINT
• 選擇柔軟有彈性的
  筆刷較為好用。由
  於糖霜一旦乾燥後
  就無法渲染，請一
  片一片慢慢完成花
  瓣吧！

3. 描繪花瓣

以中等糖霜擠出鋸齒狀描繪一
片花瓣。

4. 渲染

以稍微沾濕的筆刷由外往內刷
開。

A R R A N G E　描繪雙色花瓣

1. 擠出兩道糖霜

擠出兩道顏色不同的糖霜。

2. 渲染

以沾了水的濕筆將兩色同時由
外往內暈染。

3. 描繪葉子

以相同方式繪製葉子，以筆刷
渲染。

4. 完成

最後以中等糖霜描繪花芯和葉
脈。

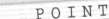

POINT
• 筆刷有分細筆或平筆等不同種類，若依功能分
  門別類使用，即可畫出各種不同的效果。請配
  合作品感覺選擇挑選筆刷。

擠花

工具

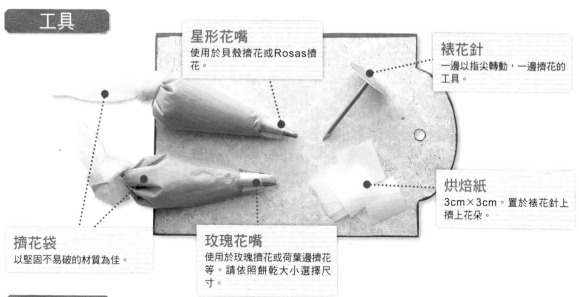

星形花嘴
使用於貝殼擠花或Rosas擠花。

裱花針
一邊以指尖轉動,一邊擠花的工具。

烘焙紙
3cm×3cm。置於裱花針上擠上花朵。

擠花袋
以堅固不易破的材質為佳。

玫瑰花嘴
使用於玫瑰擠花或荷葉邊擠花等。請依照餅乾大小選擇尺寸。

擠花方法

Rosas
以星形花嘴垂直寫出の字的方式擠花。收尾時,一邊減輕力道,一邊往操作者的方向拖曳。

葉片(無葉脈)
將簡易擠花袋的前端剪成V字形。擠出糖霜後,減少力道輕輕地拖曳(切口深度的不同,可改變葉片大小)。

葉子(有葉脈)
將簡易擠花袋的前端剪成V字形。以前後點壓的方式擠花。

玫瑰花

1. 花芯(1圈)
一邊將裱花針以逆時針方向旋轉,一邊將花嘴較窄端朝上,往中心捲起般順時針擠花一圈。

2. 第2圈的第1片
花嘴較窄的一端朝上,擠出花芯圓周1/3長的花瓣。

3. 完成第2圈
以相同方式,擠出1/3長度且稍微重疊的三片花瓣。

4. 第3圈
以相同方式,擠出1/5長度且稍微重疊的五片花瓣就完成了。

ARRANGE · 盛開玫瑰

進行至2.之後,花嘴較窄的部位倒向外側,擠出綻放般的花瓣。

完成

取畫面協調,擠上五片花瓣就完成了。

> **POINT**
> · 擠花玫瑰可根據花嘴窄端的方向自由地作出花蕾或各種綻放程度的花朵。將各種狀態的玫瑰組合起來,就能呈現出更真實的完美作品。

彩繪的基礎知識

乍看之下很困難的彩繪，實際上所使用到的只有筆和食用色素（色膏），十分輕鬆。
將糖霜餅乾當成畫布，試著自由作畫吧！
若學會彩繪的基礎知識，即可像水彩畫般，在描繪文字、插圖和描繪陰影時能得心應手。
可大幅提昇作品的表現範圍。
除了能描繪在糖霜底和翻糖之外，也可以彩繪馬卡龍喔！

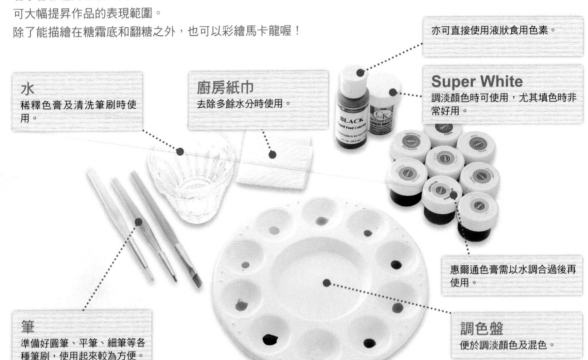

亦可直接使用液狀食用色素。

水
稀釋色膏及清洗筆刷時使用。

廚房紙巾
去除多餘水分時使用。

Super White
調淡顏色時可使用，尤其填色時非常好用。

筆
準備好圓筆、平筆、細筆等各種筆刷，使用起來較為方便。

惠爾通色膏需以水調合過後再使用。

調色盤
便於調淡顏色及混色。

彩繪的色彩變化

調整深淺的方式①以水分調整

食用色素可依據加入的水量來調整色彩深淺。相同顏色也可依顏料的濃度變化作出陰影或深淺，呈現立體感。
水分過多時，先以廚房紙巾吸除多餘水分，再來進行彩繪吧！

POINT

• 若水分過多直接彩繪在糖霜餅乾上，有時會造成糖霜表面融化而凹陷；也有可能造成乾燥速度變慢而導致出水。

調整深淺的方式②加入食用色素的白色（CK Super White）調整深淺。

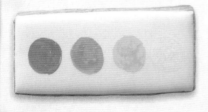

以加入白色的方式可調出柔和的色彩。若在深色區塊的上方加上白色，可表現出反光的效果。在黑色基底糖霜上以白色描繪即可呈現黑板般的作品。

POINT

• 在深色糖霜上彩繪時，將各色加入白色較佳。

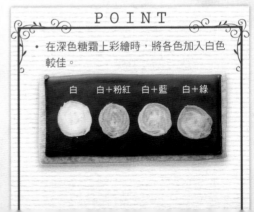

白　白+粉紅　白+藍　白+綠

彩繪技法

各種繪筆的用法

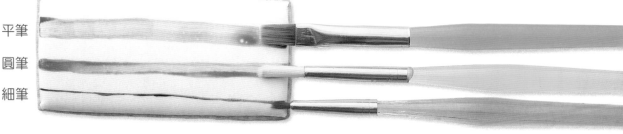

平筆

圓筆

細筆

細筆

在描繪線條、輪廓線和文字之處,以沾水的濕筆直接調合色膏較佳。

圓筆

填色、渲染、背景時以較多的水稀釋後,薄薄地著色為佳。

平筆

在繪製直條紋、格子花紋或緞帶時,重疊的部分塗了兩層,顏色較深。

表現古董風格的手法

刷白

在深色上刷上白色,即可表現出布滿灰塵的感覺。

以咖啡色彩繪

塗在四周就能作出仿舊感。

以淺咖啡色暈染

邊緣塗上淺咖啡色,可呈現出古董風格。

立體翻糖

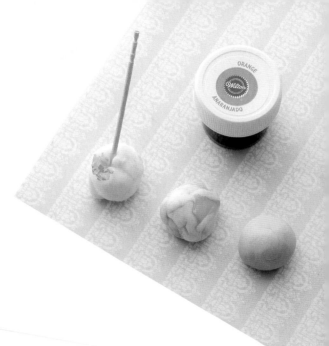

上色方式（使用惠爾通翻糖膏）
以牙籤沾取少量食用色素，一次
一點揉合上色。

以翻糖模塑型

1. 填入模具中
將揉成圓形的翻糖壓入模具內，
並取下多餘翻糖。

2. 取出
將模具往外翻，取出翻糖。若不
好取下時，可使用針筆輔助。

翻糖墊

押上花紋
將翻糖放置在翻糖墊上，以擀麵棍擀平即可印
壓出花紋。

蝴蝶結

2. 組合
將兩頭往中央輕輕摺起，並捏起
中心，往內凹陷作出谷線。

1. 切成條狀
準備兩條分別用來製作蝴蝶結和
固定帶的長方形條狀翻糖。

完成

3.
捲上當成固定帶的翻糖，以少量
琴酒固定。

POINT

- 黏合翻糖或將翻糖貼在餅乾上時，請以筆
塗上琴酒（30度以上無色透明的酒精亦
可）黏貼。若為兒童食用，也可使用水或
中等糖霜黏著。

Q&A

Q 糖霜乾燥後凹陷了。

A 若糖霜的水分過多，就容易凹陷。建議以果乾機烘乾等方式，減少製作時過多水分。

Q 若手邊沒有食譜所使用的餅乾模時怎麼辦呢？

A 可以厚紙卡或透明資料夾描繪紙型後剪下，放在餅乾麵團上，以刀子切割即可。

Q 描繪網繡時，無法筆直畫出漂亮的線條。

A 若從邊緣開始描繪線條，很容易產生誤差。可事先在正中央畫出一條或每1/3處畫出一條參考線，再配合此線描繪，會更為順暢。

Q 如何設計網繡的圖案？

A 事先以方眼紙描繪設計圖。建議參考刺繡設計圖集。

Q 彩繪後表面下陷。

A 當附著在筆刷上的水分過多時，表層糖霜會出水。若使用較多的水稀釋色膏時，請以廚房紙巾吸除多餘水分，再進行描繪。

Q 沒有畫畫的經驗，對於彩繪沒自信。

A 可在薄紙上畫好草稿，製作時放在餅乾上，以針筆等細緻的工具將草稿描在餅乾上。再依草稿進行彩繪，即可完成優秀的作品。

Q 刷繡的花紋無法作得很漂亮。

A 若擠出的糖霜太少就不容易進行渲染，製作時請稍微多擠一些。糖霜經乾燥後就無法暈染，請一片一片地完成吧！筆刷太軟時，則無法畫出漂亮的紋路，請使用有彈性的筆刷。

Q 立體餅乾的烘烤方式和燒烤時間為何？

A 在日本立體餅乾模還尚未普及。可鋪入或覆蓋在蛋糕、布丁用矽膠模及不鏽鋼模、鋁模等耐熱模具完成立體餅乾。依據材質不同，烘烤時間也不同，請一邊觀察烤色，一邊調整烘烤時間（無需變動烤溫），務必確認內側也要烤熱。當內側沒有烤到時，翻面再多烤幾分鐘吧！

Mason Jar

梅森罐

西田春美

❶灰色花卉罐

糖霜

罐子
輪廓線：咖啡色＋黑色／中等
填色：咖啡色＋黑色／濕性

蓋子・標籤
輪廓線・花紋：金黃色（Golden Yellow）＋深淺咖啡色／中等
填色：金黃色＋深淺咖啡色／濕性

花紋
玫瑰：紅色＋深淺咖啡色／濕性
葉子：青苔綠（Moss Green）＋深淺咖啡色／濕性
文字：咖啡色＋黑色／中等
刷繡：白色／中等

材料
琴酒：適量
金色珠光亮粉：適量

1. 描繪輪廓線及蓋子部分基底。將罐子填色後，立即擠上2色重疊的圓點。

2. 在乾燥前以針筆勾勒の字作出玫瑰花紋（請參照P.10）。

3. 再擠上2色重疊的圓點，以針筆往斜下方勾勒，作出心形葉子。

4. 在標籤周圍每擠三個波浪就以粗平筆渲染，重複此動作直至圍繞一圈（參照P.12）。蓋子畫上圖案。

5. 標籤部分以濕性糖霜填色。

6. 描繪文字和花紋，以琴酒調勻的金色珠光亮粉畫出金色效果。

❷藍色花卉罐

糖霜

罐子
輪廓線：寶藍色＋咖啡色／中等
填色：寶藍色＋咖啡色／濕性

蓋子
輪廓線・花紋：黑色＋咖啡色／中等
填色：黑色＋咖啡色／濕性

花紋
地錦：青苔綠＋咖啡色／中等
花朵：白色／中等
文字：咖啡色＋黑色／中等

材料
琴酒：適量
金色珠光亮粉：適量

1. 描繪輪廓線，蓋子部分填色。乾燥後將罐子填滿。

2. 描繪蓋子上的花紋，在罐子周圍描繪上地錦的圖案，並在上面描繪大小水滴花朵。

3. 以中間糖霜寫上文字，在蓋子上畫出銀色效果。

❸象牙色花卉罐

糖霜

罐子・蓋子
輪廓線・花紋：金黃色＋深淺咖啡色／中等
基底：金黃色＋深淺咖啡色／濕性

花紋
地錦・文字：黑色＋咖啡色／中等
葉子：青苔綠＋咖啡色／硬性
花朵：玫瑰色＋深淺黑色・金黃色＋咖啡色・白色／中等

材料
琴酒：適量
金色珠光亮粉：適量

1. 描繪輪廓線，和「藍色花卉罐」步驟相同，表面乾燥後再填色，並畫上蓋子的花紋和水滴花朵。

2. 畫上花瓣和地錦，將簡易擠花袋的前端剪V字形擠出葉子。

3. 寫上文字，並以琴酒調合的金色珠光色粉，作出金色效果。

Flower
花卉

❶大理花 坂本めぐみ

糖霜
輪廓線：玫瑰色＋黑色／中等
填色：玫瑰色＋黑色／濕性
刷繡：玫瑰色＋黑色・白色／中等
花芯：玫瑰色＋黑色・白色／中等

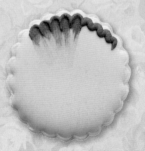

1. 完成基底後從外緣描繪曲線，再以沾了水的濕筆渲染。

2. 作好第1圈後，在內側也擠上曲線，以相同方式暈染。

3. 以同樣方式進行4圈，最後以中等糖霜在中央擠上圓點當作花芯。

❷ 雛菊　坂本めぐみ

糖霜
輪廓線・花芯：金黃色＋深淺咖啡色／中等
填色：金黃色＋栗棕色／濕性

1. 在中心作上記號後，畫出12片花瓣的輪廓線。

2. 以濕性糖霜跳格替花瓣填色。

3. 乾燥後填滿剩下的花瓣。中心以糖霜擠出山形後，擠上圓點。

❸ 黑種草　坂本めぐみ

糖霜
輪廓線・花芯：寶藍色＋深淺黑色／中等
填色：寶藍色＋黑色／濕性
雄蕊：金黃色＋栗棕色／中等

1. 先畫上6片花瓣的輪廓線後，跳格填色。

2. 全部花瓣打好底後，畫上雄蕊。

3. 中心擠上山狀花芯，並擠上圓點覆蓋。

❹ 葉子　坂本めぐみ

糖霜
輪廓線：金黃色＋黑色／中等
填色：金黃色＋黑色／濕性
刷繡：白色／中等

1. 描繪輪廓線，並將基底填色。

2. 表面乾燥後在葉子邊緣擠上糖霜。

3. 使用以琴酒沾濕的筆刷往內側暈染（參照P.12）。

❺ 玫瑰　水野惠美

糖霜
檸檬黃色＋咖啡色／硬性
紫羅蘭＋聖誕紅＋黑色／硬性
翻糖
葉綠色＋咖啡色
材料
食用裝飾珍珠糖：適量
食用裝飾彩珠：適量

1. 將調好色的翻糖，以餅乾模壓出形狀，再以刀子刻出葉脈。

2. 使用花嘴（2D）以寫の字的方式，從中心開始擠出硬性糖霜。

3. 在乾燥前放上裝飾珍珠和彩珠。

Eyelet Lace
蕾絲

生駒美和子

❶蕾絲A

糖霜
輪廓線・花紋：白色／中等
填色：白色／濕性
玫瑰：金黃色＋咖啡色／硬性

1. 描繪輪廓線和蕾絲花紋。

2. 填滿顏色，細微處使用針筆描繪。

3. 以中等糖霜黏貼上擠花玫瑰（參照P.13，花嘴101號），並畫上花紋。

❷蕾絲B

糖霜
輪廓線・花紋：白色／中等
填色：白色／濕性
玫瑰：金黃色＋咖啡色／硬性

1. 描繪輪廓線和蕾絲花紋。

2. 填滿顏色，細微處使用針筆描繪。

3. 以中等糖霜畫上花紋，並在中央黏上玫瑰。

❸透光蕾絲A

糖霜
輪廓線：金黃色＋咖啡色／中等
填色：金黃色＋咖啡色／濕性
蕾絲
輪廓線‧花紋：白色／中等
填色：白色／濕性

1. 基底完成並放置乾燥後，以中等糖霜畫上蕾絲。

2. 以筆刷塗上水稀釋過的濕性糖霜。

3. 描繪花紋進行收尾。

❹透光蕾絲B

糖霜
輪廓線：金黃色＋栗棕色／中等
填色：金黃色＋栗棕色／濕性
蕾絲
輪廓線‧花紋：白色／中等
填色：白色／濕性

1. 描繪輪廓線並填滿基底。

2. 以中等糖霜描繪蕾絲，再以筆刷塗上水稀釋過的濕性糖霜。

3. 畫上圓點。

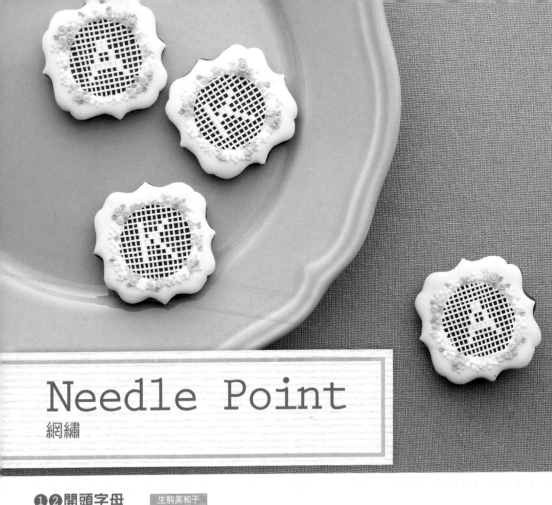

Needle Point
網繡

❶❷開頭字母　　生駒美和子

糖霜
輪廓線：檸檬黃＋咖啡色／中等
填色：檸檬黃＋咖啡色／濕性
開頭字母填色：檸檬黃色＋咖啡
色／略濕
花紋
小花：天空藍＋咖啡色‧檸檬黃
＋咖啡色‧紅色（no taste）＋
橘色＋咖啡色／中等
葉子：葉綠色＋咖啡色／硬性

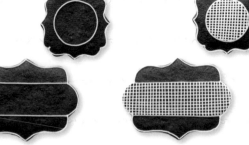

1. （小飾牌）描繪外圈和內圈輪廓線。（大飾牌）描繪輪廓線和兩條線。

2. 畫上間隔平均的格紋。

3. 填滿格紋周圍。

4. 以略濕糖霜（參考P.8）將開頭字母部分一格一格地塗滿。

5. 以相同方式塗滿文字部分。

6. 畫上小花並擠上葉子（參照P.13）。

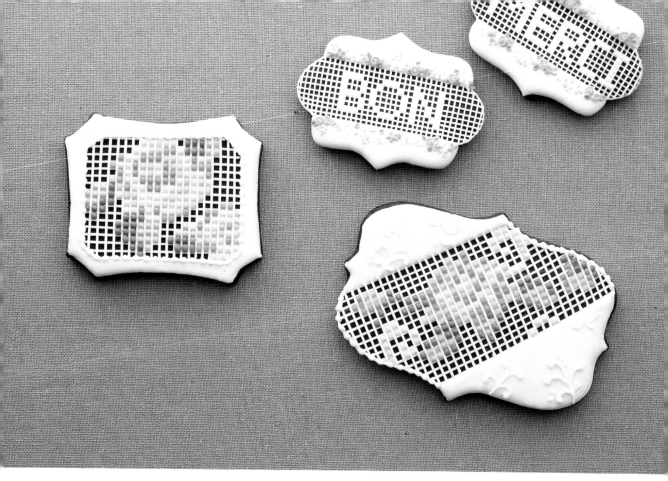

❸玫瑰（大） M'Respieu

糖霜

輪廓線・花紋：金黃色＋咖啡色
／中等
填色：金黃色＋咖啡色／濕性
玫瑰：聖誕紅＋咖啡色・粉紅色
＋咖啡色・金黃色＋咖啡色／略
濕
葉子：青苔綠＋深淺咖啡色／略
濕

1. 描繪出輪廓線和格紋，並
填滿四周。

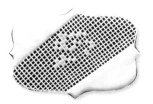

2. 以略濕糖霜填上玫瑰（3色）。

3. 填上葉子（2色），再以中
等糖霜描繪花紋。

❹玫瑰（小） M'Respieu

糖霜

輪廓線・花紋：金黃色＋咖啡色
／中等
填色：金黃色＋咖啡色／濕性
玫瑰：聖誕紅＋咖啡色・粉紅色
＋咖啡色・金黃色＋咖啡色／略
濕
葉子：青苔綠＋深淺咖啡色／略
濕

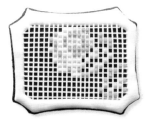

1. 塗滿在格紋周圍，以略濕
性糖霜填入玫瑰（3色）。

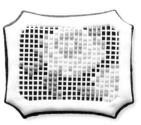

2. 填入葉子部分（2色）。

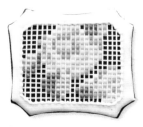

3. 在格紋四周擠上水滴。

Lemon
檸檬

❶ 飾牌

糖霜

輪廓線：白色／中等
填色：白色／濕性

花紋

花瓣：白色／硬性
花芯‧水滴：金黃色／中等
樹枝：咖啡色＋黑色／中等
葉子：青苔綠／硬性
文字‧花紋：寶藍色＋黑色＋聖誕紅／中等

1. 等基底表面乾燥後，以中等糖霜描繪文字和花紋。

2. 畫上花莖、在簡易擠花袋前端剪V字形，擠出花瓣和葉子（參照P.13），並畫上花芯。

3. 以中等糖霜在四周擠上水滴圍繞。

❷ 檸檬

糖霜

輪廓線：白色／中等
填色：白色／濕性

檸檬

輪廓線：金黃色／中等
填色：金黃色／濕性
花紋：白色／中等

花紋

花瓣：白色／硬性
花芯：金黃色／中等
花環：咖啡色＋黑色／中等
葉子：青苔綠／硬性
水滴：寶藍色＋黑色＋聖誕紅／中等

 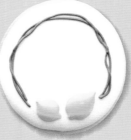 

1. 基底乾燥後，描繪檸檬的輪廓線，再填入大量的糖霜。

2. 畫出兩圈花環的線條。

3. 擠上花朵和葉子，畫上檸檬的光澤，並在最外圍擠上水滴。

❸ 薰衣草

糖霜

輪廓線：白色／中等
填色：白色／濕性

蕾絲

輪廓線：寶藍色＋黑色＋聖誕紅／中等
填色：寶藍色＋黑色＋聖誕紅／濕性

花紋

花朵‧水滴‧圓點：寶藍色＋黑色＋聖誕紅／中等
花莖：青苔綠／中等
緞帶：金黃色／中等
水滴：白色／中等

1. 待基底乾燥後，以中等糖霜描繪蕾絲，細微處使用針筆塗滿。

2. 以水滴、圓點圍繞蕾絲周圍，畫上薰衣草花莖並以圓點描繪花朵。

3. 以中等糖霜在薰衣草花莖上畫上緞帶。

Modern Wedding
摩登婚禮

西田春美

❶方形

糖霜
輪廓線：深黑可可粉／中等
填色：深黑可可粉／濕性
花紋：金黃色＋咖啡色／中等
圓點：白色‧玫瑰色＋黑色／中等

材料
食用裝飾彩珠
食用裝飾珍珠糖
金色珠光亮粉：適量
琴酒：適量

1. 填滿基底，待表面乾燥後畫上花紋，並趁花紋乾燥前黏上裝飾彩珠。

2. 以中等糖霜畫上圓點。

3. 繪製出金色效果，以中間糖霜黏上珍珠。

❷摩登蛋糕

糖霜
輪廓線：白色‧深黑可可粉／中等
填色：白色‧深黑可可粉／濕性
花紋：金黃色＋咖啡色／中等
玫瑰：白色／硬性

材料
金色珠光亮粉：適量
琴酒：適量

1. 描繪輪廓線，表面乾燥後填色。

2. 稍微相互錯開擠上水滴，描繪出愛心。

3. 以琴酒調和的金色珠光亮粉，繪製金色效果，再黏上玫瑰（參照P.13‧花嘴101）。

❸花卉

糖霜
輪廓線：深黑可可粉／中等
填色：深黑可可粉／濕性
花紋：白色／中等
玫瑰：紅色＋咖啡色／硬性

1. 基底乾燥後，從中心以放射狀描繪線圈。

2. 每個線圈前端各畫上3個圓點。

3. 擠花玫瑰（參照P.13，花嘴101s號）乾燥後，以中等糖霜黏貼在中央。

❹框飾

糖霜
輪廓線：深黑可可粉／中等
填色：深黑可可粉／濕性
花紋：白色／中等
玫瑰：紅色＋咖啡色／硬性

1. 基底乾燥後，從中心畫出上下共4個和左右共2個線圈。

2. 取畫面協調，在線圈周圍畫上花紋包圍。

3. 描繪圓點，並在中間黏上3朵玫瑰。（參照P.13，花嘴101s號）

Color Embroidery &
Color Needle 彩色刺繡
&彩色網繡

堀志穂

❶三色堇繡（紫）

糖霜
輪廓線：天藍色＋咖啡色／中等
填色：天藍色＋咖啡色／濕性
刷繡：深淺紫羅蘭・金黃色・青苔綠／中等

1. 以淡紫羅蘭描繪曲線，再以深紫羅蘭緊貼下方描繪曲線，並以筆刷暈染。重複以上動作，畫出3片花瓣。

2. 在下方以淡紫羅蘭描繪曲線，並以相同方式渲染，畫出2片花瓣。然後在中心擠上黃色，往外暈染。

3. 描繪葉子，往中央渲染作出葉脈般的紋路，再以中等糖霜於花芯處畫上線條。

❷三色堇繡（白）

糖霜
輪廓線：粉紅色＋咖啡色／中等
填色：粉紅色＋咖啡色／濕性
刷繡：白色・金黃色・青苔綠／中等

1. 以白色描繪曲線，再以筆刷暈染。重複此動作畫出4片花瓣。

2. 畫第5片花瓣時，緊鄰白色曲線下方描繪黃色曲線，再以筆刷暈染。

3. 描繪葉片後暈染開，作出葉脈般的紋路，中間畫上線條製作花芯。

❸三色菫網繡（紫）

> **糖霜**
> 輪廓線：白色／中等
> 填色：白色・深淺紫羅蘭・金黃
> 色・青苔綠／略濕

1. 描繪輪廓線和格紋，再從淡紫色部分開始填色。　2. 填上深紫色部分。　3. 填入花芯和葉子部分，最後以白色填滿背景。

❹三色菫網繡（白）

> **糖霜**
> 輪廓線：白色／中等
> 填色：白色・金黃色・青苔綠・
> 粉紅色＋咖啡色／略濕

1. 描繪輪廓和格紋，再從白色部分開始填色。　2. 填入花芯和葉子部分。　3. 最後以粉紅色填滿背景。

Kid's Toy
玩具

①球球 [池田まきこ]

糖霜

輪廓線：白色・黑色・金黃色・
粉紅色＋金黃色／中等
填色：白色・黑色・金黃色・粉
紅色＋金黃色／濕性
圓點：黑色・金黃色・粉紅色＋
金黃色／中等

瑪格麗特

花瓣：白色／中等
花蕊：金黃色／中等

1. 在烘焙紙上擠出放射狀水
滴，並於中間畫上圓點。等待
完全乾燥後剝下。

2. 描繪輪廓線後，立即填入
所有顏色。

3. 畫上圓點，再以中等糖霜
在中間黏上瑪格麗特。

❷玩具箱　三原裕美

糖霜
花紋・組裝：寶藍色＋咖啡色＋
黑色／中等

1. 烘烤厚度0.5cm的餅乾（寬側面10cm×3.5cm×2片・窄側面3.5cm×3.5cm×2片・底10cm×4.5cm×1片）。

2. 先畫兩條直線（實際操作時，請直接畫在已經組合好的餅乾上）。

3. 跨越直線並間隔1條線左右的距離畫滿橫線。

  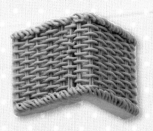

4. 跨越直線並間隔一條線左右的距離畫滿橫線。

5. 在橫線末端疊上兩條直線，再於橫線的空隙之間畫線。重複此作業。

6. 角落也畫上花紋，並在邊緣和底部畫上繩索狀線條。

❸木馬　池田まきこ

糖霜
輪廓線：白色・黑色／中等
填色：白色・黑色／濕性
馬鞍
輪廓線・圓點：粉紅色＋金黃色／中等
填色：粉紅色＋金黃色／濕性
圓點：白色/濕性
花紋
鬃毛・尾巴：黑色／中等
韁繩：金黃色／中等
葉子・地錦：青苔綠／中等
小花：金黃色／中等

1. 基底乾燥後，描繪馬鞍輪廓再填滿，並立即以濕性糖霜畫上圓點。

2. 畫上葉子、地錦、韁繩和圓點，最後黏上小花。

3. 描繪尾巴的紋路，並擠上兩道水滴作成鬃毛。

❹寶寶積木　池田まきこ

糖霜
輪廓線：黑色・金黃色・粉紅色＋金黃色／中等
填色：黑色・金黃色・粉紅色＋金黃色／濕性
鈕釦：白色/濕性
花紋
圓點：黑色／中等
英文字母：青苔綠／中等
圍邊：粉紅色＋金黃色／中等

1. 描繪輪廓線，表面乾燥後再塗滿，並在填色乾燥前畫上橫條紋。

2. 畫出四角框，接著描繪花紋和圓點。

3. 寫上英文字母，並取畫面協調處畫上葉子和果實，最後黏上小花。

Handkerchief
手帕

林稜子

❶白色

糖霜
輪廓線・開頭字母・花紋 ：白色
／中等
填色：白色／濕性

1. 描繪輪廓線後，填滿線內範圍。

2. 中間寫上開頭字母，邊緣以曲線滾邊。

3. 最後在字母的周圍畫上水滴花朵和點點。

❷藍色

糖霜
輪廓線・小花：天藍色＋咖啡色
／中等
填色：天藍色＋咖啡色／濕性
開頭字母・花紋 ：白色／中等

1. 描繪輪廓線和蕾絲花紋。

2. 進行填色，細微處以針筆仔細處理。

3. 在蕾絲周圍加框，並畫上字母和小花。

❸玫瑰

糖霜
輪廓線：粉紅色＋咖啡色／中等
填色：粉紅色＋咖啡色／濕性
開頭字母・花紋 ：白色／中等
花紋
玫瑰：粉紅色＋咖啡色／濕性
葉子：青苔綠＋咖啡色／濕性

1. 描繪輪廓線並填色，乾燥前擠上圓點，再以針筆勾勒の字作出玫瑰模樣。

2. 擠上圓點，以針筆從中往斜下方勾勒，製作出葉片。

3. 等基底乾燥後，以中等糖霜描繪開頭字母和蕾絲。

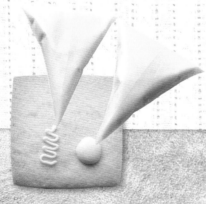

3D Butterfly & Flower
立體蝴蝶&花卉

Mon Cheri

❶❷立體蝴蝶

糖霜
輪廓線・花紋：玫瑰色＋黑色・
檸檬黃＋咖啡色／中等
填色・花紋：玫瑰色＋黑色・檸
檬黃＋咖啡色／濕性
立體蝴蝶：金黃色＋咖啡色／中
等

材料
金色珠光亮粉：適量

1. 在草稿上放上對摺的烘焙紙，描繪蝴蝶翅膀並且完全乾燥備用。

2. 將鋁箔紙摺谷線，在中間擠上圓點，並在左右兩邊接上翅膀。以乾筆刷刷上金色珠光亮粉。

3. 填滿粉紅蝴蝶基底，畫上花紋和圓點。

4. 象牙色蝴蝶基底填滿後，立即畫上2條粉紅色的線，再以針筆往內側勾勒後，在中心擠上圓點。

5. 以中等糖霜黏上立體蝴蝶。
※由於立體蝴蝶容易損壞，請建議多製作幾組備用。

❸❹立體花卉

糖霜
輪廓線：紫羅蘭＋黑色・檸檬黃
＋咖啡色／中等
填色：紫羅蘭＋黑色・檸檬黃＋
咖啡色／濕性
立體花芯：金黃色＋咖啡色／中
等
材料
金色珠光亮粉：適量
酥油：適量

1. 在量匙（1小匙或1／2小匙）
背面塗上一層薄薄的酥油後，畫
上花芯。

2. 確實乾燥後，輕輕往上舉
起剝落，再以乾筆刷上金色珠
光亮粉。

3. 以中等糖霜描繪輪廓。

4. 跳格填入顏色。

5. 等到乾燥後，再填滿剩下
的花瓣。

6. 以中等糖霜黏貼上立體
花芯。

Babyshower
誕生禮物

西田春美

❶玫瑰圖案蛋糕・圍兜・連身裝

糖霜

輪廓線：聖誕紅＋咖啡色／中等
填色：聖誕紅＋咖啡色／濕性
花紋
玫瑰：聖誕紅＋深淺咖啡色／濕性
葉子：青苔綠＋深淺咖啡色／濕性
水滴・蕾絲：白色／中等
荷葉邊：白色／硬性

1. 分別描繪出圍兜和連身裝的輪廓。

2. 填滿基底後，立即擠上兩色重疊的圓點，在乾燥前以針筆勾勒の字，作出玫瑰花紋。

3. 擠上兩色重疊的圓點，以針筆往斜下方勾勒，作出愛心形狀的葉子。

4. 在蛋糕上描繪蕾絲，並在邊緣擠上圓點。

5. 在圍兜邊緣畫上兩層鋸齒線條。

6. 將簡易擠花袋的前端斜剪7mm，在連身裝的腰部擠兩層荷葉邊。

❷ 圓點花紋圍兜・連身裝

糖霜
輪廓線：聖誕紅＋咖啡色／中等
填色：聖誕紅＋咖啡色／濕性
花紋
圓點：聖誕紅＋咖啡色／濕性
蕾絲・圓點・緞帶：白色／中等

1. 描繪輪廓線並將基底填色完全後，立即擠上圓點。

2. 在連身裝的領子邊緣畫上圓點和緞帶。

3. 在圍兜上描繪出緞帶＆蕾絲。

❸ 愛心

糖霜
輪廓線：聖誕紅＋咖啡色／中等
填色：聖誕紅＋咖啡色／濕性
花紋
蕾絲・圓點・文字：白色／中等

1. 基底乾燥後，以中等糖霜描繪愛心。

2. 畫上蕾絲和圓點。

3. 寫上文字。

Quilting
拼布

Lumos

❶方框玫瑰

糖霜

輪廓線・圓點：金黃色＋咖啡色
／中等
填色：金黃色＋深淺咖啡色／濕
性

花紋

玫瑰：聖誕紅＋咖啡色／濕性
葉子：青苔綠／濕性

1. 描繪輪廓線，以濕性糖霜填滿褐色部分。

2. 填入米色，在乾燥前擠上圓點，以針筆寫の字，勾勒出玫瑰花紋，再擠上圓點，並以針筆勾勒出葉子形狀。

3. 以中等糖霜在周圍點上圓點作最後裝飾。

❷菱格紋拼布

糖霜

輪廓線・圓點・水滴：金黃色＋
深淺咖啡色／中等
填色：金黃色＋深淺咖啡色／濕
性
玫瑰：聖誕紅＋咖啡色／硬性
葉子：青苔綠／硬性

1. 描繪最外圍的輪廓線和中心的圓，圓形外側畫上格紋線。

2. 較細的部分使用針筆跳格填色。待乾燥後，再填滿剩餘部分。

3. 中央黏上3朵擠花玫瑰（參照P.13，花嘴101s號），並在間隙擠上葉子（參照P.13）。最後描繪水滴和圓點作裝飾。

❸圓形拼布

糖霜

輪廓線・圓點・水滴：金黃色＋
咖啡色／中等
填色：金黃色＋咖啡色・天藍色
＋黑色・玫瑰色＋黑色／濕性
刷繡・圓點：金黃色＋咖啡色／
中等
玫瑰：聖誕紅＋咖啡色／硬性
葉子：青苔綠／硬性

1. 每描繪三道曲線就以細筆渲染。重複此作業至完成1圈（參照P.12）

2. 第2圈也以相同方式描繪曲線，並以筆刷暈染。

3. 描繪輪廓線和格紋線。

4. 細微處請使用針筆作業。以跳格的方式填色，等待乾燥後，再填滿剩餘部分。

5. 在刷繡和拼布的交界點擠上水滴。

6. 描繪圓點，和「方形拼布」相同方式黏上擠花玫瑰，並在間隙擠上葉子。

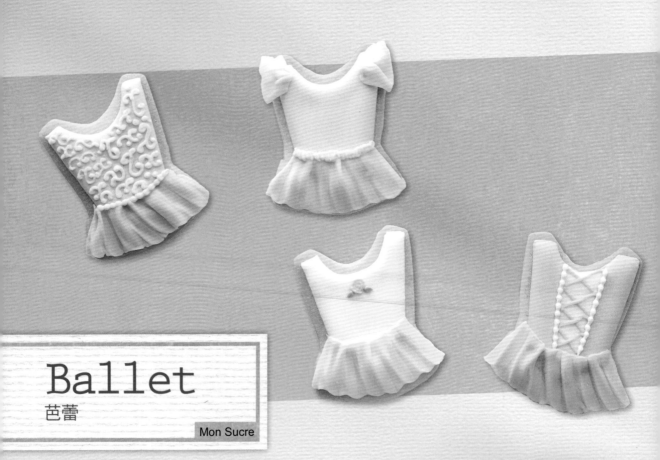

Ballet
芭蕾

Mon Sucre

❶舞衣

糖霜

輪廓線・花紋：紅色（no taste）
＋咖啡色・寶藍色＋咖啡色・紫
羅蘭＋咖啡色・酒紅色（Burgundy）
＋咖啡色・金黃色＋咖啡色／中
等

填色：紅色（no taste）＋咖啡
色・寶藍色＋咖啡色・紫羅蘭＋
咖啡色・酒紅色＋咖啡色・金黃
色＋咖啡色／濕性

葉子：青苔綠＋咖啡色／中等

翻糖

荷葉邊：紅色（no taste）＋咖
啡色・寶藍色＋咖啡色・紫羅蘭
色＋咖啡色・酒紅色＋咖啡色

材料

琴酒：適量

1. 描繪輪廓線，並填滿基底。

2. 將擀成1mm厚的翻糖膏放在海綿墊上，以塑型工具輕壓，並往操作者方向拖曳，製作荷葉邊。

3. 將翻糖荷葉邊以剪刀剪成2cm×5cm，稍微作出皺褶後，以琴酒黏合。

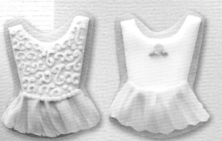

4. 以中等糖霜描繪藍色舞衣的花紋，並在粉紅色舞衣上描繪玫瑰和葉子。

5. 在桃紅色舞衣上，以中等糖霜擠上交叉線和水滴。

6. 以剪刀將翻糖荷葉邊剪成1.5cm×1.5cm，並作成扇形，貼在紫色舞衣的肩膀位置。並在舞衣和荷葉邊的交界線擠上鋸齒線。

❷束口袋

糖霜

輪廓線・花紋：紅色（no taste）
＋咖啡色・酒紅色＋咖啡色・金
黃色＋咖啡色／中等 **填色**：酒
紅色＋咖啡色・金黃色＋咖啡色
／濕性

芭蕾舞鞋

輪廓線・緞帶：紫羅蘭＋咖啡
色・酒紅色＋咖啡色／中等 **填
色**：紫羅蘭＋咖啡色・酒紅色＋
咖啡色／濕性

翻糖

袋口：紅色（no taste）＋咖啡
色・酒紅色＋咖啡色・金黃色＋
咖啡色

材料

琴酒：適量

1. 將翻糖擀成薄片，再重疊2
色一起擀開。

2. 剪成1.5cm×8cm，象牙色
置於內側作成皺褶環狀，並以
琴酒黏貼。

3. 等待束口袋身的基底乾燥
後，畫上心形輪廓線並填滿，
繪製成芭蕾舞鞋。再添加緞帶
和花紋收尾。

❸花束

糖霜

玫瑰：紅色（no taste）＋咖啡
色・金黃色＋咖啡色・紫羅蘭＋
咖啡色／硬性

花莖：青苔綠＋咖啡色／中等

葉子：青苔綠＋咖啡色／硬性

材料

食用裝飾珍珠糖：適量

1. 以中等糖霜畫上5根交叉的
花莖。

2. 如圖黏上已乾燥的擠花玫
瑰（參照P.13・花嘴101s號）
和珍珠。

3. 將簡易擠花袋開口剪V字，
擠上葉子（參照P.13）。

Dress
洋裝

高橋悦子

❶洋裝

糖霜
輪廓線：檸檬黃＋咖啡色／中等
填色：檸檬黃＋咖啡色・粉紅色
＋咖啡色／濕性
花紋・刷繡：檸檬黃＋咖啡色／
中等

材料
食用裝飾彩珠：適量
食用裝飾珍珠糖：適量

1. 描繪輪廓線。　　2. 先填滿步驟1的部分基底。　　3. 乾燥後，填滿剩餘部位。

4. 每畫出3道曲線就以筆刷暈染，重複此步驟完成一排（參照P.12刷繡）。

5. 以相同方式由下往上重複描繪曲線和暈染製作荷葉邊。

6. 以中等糖霜描繪花紋，並裝飾上彩珠和珍珠糖。

❷❸花卉

糖霜
輪廓線：檸檬黃＋咖啡色・粉紅
色＋咖啡色／中等
填色：檸檬黃＋咖啡色・粉紅色
＋咖啡色／濕性
刷繡：檸檬黃＋咖啡色・粉紅色
＋咖啡色・白色／中等

材料
食用裝飾珍珠糖：適量

1. 先描繪輪廓線，再填滿基底。

2. 在粉紅色花朵上進行象牙色單色刷繡，象牙色花朵上則作出粉紅色&白色雙色刷繡（參照P.12）。

 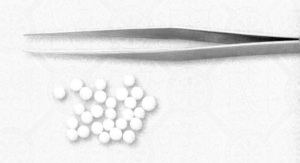

3. 在中央重疊黏貼兩層裝飾珍珠糖。

Tea Time
午茶時光

❶雙層蛋糕　　上田美希

糖霜
輪廓線・花紋：天藍色＋黑色／中等
填色：白色・天藍色＋黑色／濕性
緞帶：寶藍色＋黑色／中等
材料
食用裝飾彩珠

1. 將簡易擠花袋前端剪出較大的開口，以中等糖霜描繪輪廓線。

2. 表面乾燥後，填滿底色。

3. 以中等糖霜描繪蛋糕和蛋糕盤的輪廓線。

4. 待乾燥後，以濕性糖霜填色。

5. 以濕性糖霜畫上圓點，乾燥前，在周圍黏上裝飾彩珠。

6. 以中等糖霜畫上緞帶和蕾絲作最後裝飾。

❷馬卡龍　上田美希

糖霜
輪廓線‧花紋：天藍色＋黑色／中等
填色：白色／濕性
馬卡龍
馬卡龍：天藍色＋黑色‧玫瑰色＋咖啡色／中等
奶油餡：白色／中等

1. 基底製作步驟同「雙層蛋糕」。待乾燥後，先描繪蛋糕盤輪廓線，再進行塗色。

2. 以中等糖霜描繪馬卡龍，兩瓣的間隙擠上圓點當成奶油夾餡。

3. 以中等糖霜在蛋糕盤上畫出緞帶的模樣。

❸茶具　一色綾子

糖霜
輪廓線‧花紋：白色／中等
填色：天藍色＋黑色‧白色／濕性
花紋
玫瑰：玫瑰色＋咖啡色＋黑色／濕性
葉子：青苔綠／濕性
材料
食用裝飾彩珠

1. 描繪輪廓線，以濕性糖霜填滿藍色部分。

2. 乾燥後再填入白色，在白色乾燥前擠上圓點，以針筆寫の字，勾勒出玫瑰花紋。再次擠上圓點，以針筆勾勒出葉子。

3. 以中等糖霜描繪把手和花紋，並將珍珠糖貼於蓋頂。

Wreath
花圏

島田さやか

❶❷花圈

糖霜
輪廓線・蕾絲：白色・寶藍色＋咖啡色／中等
填色：白色・寶藍色＋咖啡色／濕性

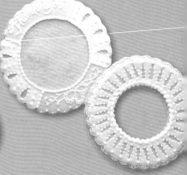

1. 描繪輪廓線和蕾絲花紋。

2. 待乾燥後填色，細微處使用針筆處理。

3. 以中等糖霜描繪文字和花紋，並黏上花卉和葉子（參照P.13）

❷五瓣花（花嘴101號）

糖霜
花瓣：葉綠色・寶藍色＋咖啡色／硬性
材料
食用裝飾糖球

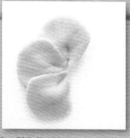

1. 一邊將裱花釘以逆時針方向旋轉，一邊將花嘴較窄處朝外，以稍微上下移動的方式擠出糖霜，作出第1片花瓣。

2. 製作第2至5片時，將花嘴插入前一片花瓣下方擠出花瓣。每擠出一片花瓣就往中心切斷。

3. 最後一片花瓣請稍微立起花嘴，並小心不要碰到第1片花瓣。中間擠上數個圓點製作花芯。

❸瑪格麗特（花嘴101s號）

糖霜
花瓣：白色・聖誕紅＋寶藍色＋咖啡色／硬性
材料
食用裝飾糖球

1. 一邊將裱花釘逆時針旋轉，一邊將花嘴較窄處朝外，以稍微上下移動的方式擠出糖霜，作出第1片花瓣。

2. 第2片之後，將花嘴插入前一片花瓣下方擠出花瓣。共製作7片花瓣。

3. 最後一片花瓣請稍微立起花嘴，並小心不要碰到第1片花瓣。立起的花瓣以筆刷壓平，中間擠上數個圓點製作花芯。

❹菊花（口金101・101s）

糖霜
花瓣：白色・聖誕紅＋寶藍色＋咖啡色・葉綠色／硬性
材料
食用裝飾糖球

1. 以和五瓣花相同方式，在外圍擠出10至12片小花瓣。

2. 在第1層上方稍微往內處，擠出8至9片花瓣。

3. 花芯處擠出3至5片花瓣製作第3層，花瓣數量視第2層花芯縫隙而定。立起花嘴向內側進行製作出立體的花瓣為佳。

Birdcage
鳥籠

松浦絵美

1 水晶吊燈

糖霜
模版：白色／略濕

1. 在餅乾上放上水晶吊燈的模版，並以紙膠帶固定。

2. 以抹刀抹上糖霜，刮去多餘部分。

3. 將模版從正上方慢慢地移開。

2 for you

糖霜
模版：白色／略濕
黏著用：白色／追加糖粉調成中等
材料
食用裝飾彩珠
緞帶（不可食用）

1. 以和水晶吊燈同樣方式，使用模版製作圖案。

2. 以中等糖霜將裝飾銀珠黏貼成花環狀。

3. 再黏上緞帶就完成了。

3 鳥籠

糖霜
模版：白色／略濕
輪廓線：白色／中等
填色：白色／濕性
材料
食用裝飾彩珠
緞帶（不可食用）

1. 使用模版製作圖案。

2. 描繪鳥籠的輪廓線和蕾絲花紋。

3. 將蕾絲花紋的部位填滿，細微處以針筆輔助，並黏上裝飾彩珠和緞帶作最後裝飾。

Swan
天鵝

宮﨑典恵

❶天鵝

糖霜
輪廓線・花紋：白色・黑色＋紫羅蘭・金黃色＋咖啡色／中等
填色：白色・黑色＋紫羅蘭・金黃色＋咖啡色／濕性
刷繡：白色／中等

1. 以中等糖霜描繪輪廓線，表面乾燥後填滿顏色。

2. 羽毛部分每畫好一根曲線就暈染一次，重複此動作直至完成一整排。（參照P.12刷繡）。

3. 重複刷繡至完成全部羽毛。

❷鵝毛筆

糖霜
輪廓線・花紋：白色・青苔綠＋寶藍色＋咖啡色／中等
填色：白色・青苔綠＋寶藍色＋咖啡色／濕性
羽毛：白色／硬性

1. 待基底乾燥後，以花嘴101號擠出水滴狀，中央以筆刷刷出紋路。

2. 共擠出5片重疊成羽毛狀，每擠出一片都要刷上紋路。

3. 以中等糖霜畫上羽軸和絨毛，並在邊緣擠一圈連結的水滴作最後裝飾。

❸心形＆雙翼

糖霜
輪廓線：青苔綠＋寶藍色＋咖啡色／中等
填色：青苔綠＋寶藍色＋咖啡色／濕性
羽毛：白色／硬性
水滴：白色／中等

1. 待基底乾燥後，以花嘴101號擠出8根排成弧形的羽毛，每擠出一片都要以筆刷在中央刷出紋路。

2. 左右各完成兩排擠花羽毛後，在翅膀上方擠出較長的水滴。

3. 在邊緣擠出兩兩成對的水滴製成心形花邊。

Frame

相框

❶ 馬賽克相框 山内友惠

糖霜
輪廓線・水滴：咖啡色／中等
填色：咖啡色／濕性
馬賽克圖案
輪廓線：黑色・粉紅色＋黑色／中等
填色：黑色・粉紅色＋黑色／濕性
材料
金色珠光亮粉：適量

1. 基底乾燥後，以中間糖霜描繪馬賽克輪廓線。

2. 進行填色，較細微的部分改以針筆作業。

3. 邊緣擠上水滴，並以乾筆刷上金色珠光亮粉，製作表面裝飾。

❷ 方形相框 山内友惠

糖霜
輪廓線：咖啡色／中等
填色：咖啡色／濕性
花紋：金黃色＋咖啡色／中等
材料
琴酒：適量
金色珠光亮粉：適量
食用裝飾彩珠

1. 描繪輪廓線後，填滿基底。

2. 以中等糖霜描繪花紋。

3. 以琴酒調合金色珠光亮粉，作出閃耀效果，再黏上裝飾彩珠。

❸ 波浪型相框 中村さゆり

糖霜
輪廓線：黑色／中等
填色：黑色／濕性
花紋：咖啡色／中等
翻糖
玫瑰：粉紅色＋黑色

1. 描繪輪廓線，填滿基底。

2. 以中等糖霜畫上曲線裝飾花紋。

3. 以翻糖模製作立體玫瑰（參照P.16），再以中等糖霜黏貼。

❹ 圓形相框 中村さゆり

糖霜
輪廓線：黑色／中等
填色：黑色／濕性
花紋：粉紅色＋黑色／中等
翻糖
緞帶：粉紅色＋黑色
材料
琴酒：適量
食用裝飾珍珠糖

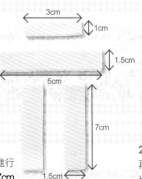  

1. 將翻糖擀成1mm厚，再進行裁切（1cm×3cm・1.5cm×7cm的2條份・1.5cm×5cm）

2. 製作蝴蝶結（參照P.16）。再製作兩條垂墜緞帶，並各摺出兩褶。

3. 待基底乾燥後，擠出周圍邊，再以琴酒黏貼緞帶。最後以中等糖霜貼上裝飾珍珠糖。

Color Embroidery
彩色刺繡

松本あや香

❶ 小鳥

糖霜

輪廓線・圍邊：橘色＋咖啡色／中等

填色：橘色＋咖啡色／濕性

花紋

鳥：檸檬黃＋咖啡色・白色／中等

花：玫瑰色＋深淺咖啡色／中等

地錦・葉子：葉綠色＋檸檬黃＋深淺咖啡色／中等

小花・花紋：白色／中等

1. 待基底乾燥後，將簡易擠花袋的前端剪出較小的洞，以中等糖霜來回擠出鋸齒狀線條，描繪出鳥的形狀，再以水滴和圓點畫上眼睛、嘴巴和尾巴。

2. 以中等糖霜描繪漩渦玫瑰。

3. 以鋸齒、水滴和圓點的組合，畫出小花和花紋。

❷ 花卉

糖霜

輪廓線：橘色＋粉紅色＋咖啡色／中等

填色：橘色＋粉紅色＋咖啡色／濕性

花紋

花瓣：紫羅蘭＋深淺咖啡色／中等

花芯：檸檬黃＋咖啡色／中等

葉子：葉綠色＋檸檬黃＋深淺咖啡色／中等

小花・花紋：橘色＋粉紅色＋咖啡色／中等

圍邊：白色／中等

1. 待基底乾燥後，來回擠出淡紫色的鋸齒狀線條，描繪花瓣外側。

2. 再重疊上深紫色鋸齒狀線條。

3. 畫上圓點花芯和花紋，周圍以鋸齒和圓點包圍。

❸ 愛心

糖霜

輪廓線・圍邊：橘色＋咖啡色／中等

填色：橘色＋咖啡色／濕性

花紋

花瓣：橘色＋粉紅色＋咖啡色／中等

花芯：檸檬黃＋咖啡色／中等

地錦・葉子：葉綠色＋檸檬黃＋咖啡色／中等

1. 待基底乾燥後，將簡易擠花袋前端剪出較小的洞，以中等糖霜來回擠出鋸齒狀線條，描繪出愛心。

2. 再擠上鋸齒狀的花瓣和葉子，花蕾則以3至4道線條描繪。

3. 在花朵中央以圓點畫上花芯，最後再以圓點裝飾邊緣。

Color Lace
彩色蕾絲

高橋悦子

❶彩色蕾絲A

【糖霜】

輪廓線・圓點：檸檬黃＋咖啡色
／中等
填色：檸檬黃＋咖啡色／濕性
鋸齒・水滴：白色／中等
蕾絲・花紋：寶藍色＋咖啡色／
中等
圓點：檸檬黃＋咖啡色／中等

1. 待基底乾燥後，畫上蕾絲
線條和水滴組成的愛心。

2. 橫跨中間線條，來回擠上
鋸齒狀線條。

3. 將圓點組成金字塔狀，並
在周圍描繪蕾絲。

❷彩色蕾絲B

【糖霜】

輪廓線・圓點：檸檬黃＋咖啡色
／中等
填色：檸檬黃＋咖啡色／濕性
水滴・圓點・蕾絲：白色／中等
圓點・鋸齒・花紋：寶藍色＋咖
啡色／中等

1. 待基底乾燥後，以中等糖
霜描繪曲線和花紋。

2. 在周圍畫上蕾絲線條，再
以橫跨線條的方式，來回擠上
鋸齒狀線條。

3. 畫上圓點和蕾絲，最後在
中間擠上長形水滴作裝飾。

❸彩色蕾絲C

【糖霜】

輪廓線・圓點：檸檬黃＋咖啡色
／中等
填色：檸檬黃＋咖啡色／濕性
圓點：白色・檸檬黃＋咖啡色／
中等
網紋：寶藍色＋咖啡色・檸檬黃
＋咖啡色／中等
鋸齒：寶藍色＋咖啡色／中等

1. 完成基底並等待乾燥後，
畫上蕾絲的線條。

2. 使用中等糖霜以跨越線條
的方式，來回擠上鋸齒狀線
條。

3. 在內部描繪網紋，並畫上
水滴和圓點。

Bridal
婚禮

❶玫瑰（花嘴101號） 石井亜希子

糖霜
花瓣：橘色／硬性
花芯：白色／中等
材料
食用裝飾糖球

1. 擠出直徑8mm的平面圓形，在周圍擠上3片花瓣（參照P.13）。

2. 第2圈稍微向外側擴散再擠上3片。

3. 第3圈更向外圍再擠上3片。在中心的空洞部分擠上大量中等糖霜，最後放上裝飾糖球。

❷禮服・蛋糕・婚禮看板 石井亜希子

糖霜
輪廓線：白色／中等
填色：白色／濕性
葉子：青苔綠＋咖啡色／硬性
地錦：青苔綠＋咖啡色／中等
文字：咖啡色／中等

1. 描繪輪廓後進行填色。

2. 在蛋糕基底上繪製地錦的花紋。

3. 取畫面協調處黏貼上玫瑰，並在旁邊擠上葉子，最後在看板上寫上英文。

❸ 蝴蝶結方塊　　片島裕奈

糖霜
輪廓線：白色／中等
填色：白色／濕性
翻糖
蝴蝶結：橘色
材料
食用裝飾彩珠：適量
食用裝飾珍珠糖
金色珠光亮粉
琴酒：適量

1. 將翻糖擀成1mm厚。

2. 裁切成6cm×6cm，1.5cm×3cm。

3. 將較大片的翻糖從中央部位捏起，作出皺褶，塑型成緞帶狀，再以琴酒黏貼在基底上。

4. 以較小的翻糖包捲起中央皺褶處。

5. 黏上珍珠糖和裝飾彩珠。

6. 以乾筆塗上金色珠光亮粉。

3D Heart
立體愛心

生駒美和子

❶立體愛心（玫瑰）
❷立體愛心（文字）

糖霜
花紋・文字：白色／中等
薔薇：天藍色＋紫羅蘭＋深淺咖啡色／硬性
翻糖
基底：天藍色＋紫羅蘭＋咖啡色
橢圓菊型：白色
材料
緞帶（不可食用）
琴酒：適量

1. 將翻糖擀平成比餅乾大一圈、約3mm厚的片狀（餅乾烤法參照P.7）。

2. 塗上薄薄的琴酒，貼合在餅乾上。

3. 將超出餅乾的部分，以刀子切除。

4. 比翻糖小一圈的心形模壓出愛心的記號。

5. 沿著記號線擠上水滴組成愛心，並在中央寫上文字。

6. 在中央黏上以模具壓出形狀的翻糖和擠花玫瑰（作法參照P.13．花嘴101S號），以中等糖霜黏合緞帶和2顆愛心。

❸立體愛心（冰晶）

糖霜
花紋：天藍色＋紫羅蘭＋咖啡色／中等
翻糖
基底：白色
材料
緞帶（不可食用）
琴酒：適量
食用裝飾彩珠
食用裝飾珍珠糖
銀色珠光亮粉

1. 將翻糖放在翻糖墊上，擀成比餅乾大一圈、約3mm厚的片狀（參照P.16）。

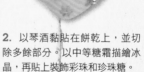

2. 以琴酒黏貼在餅乾上，並切除多餘部分。以中等糖霜描繪冰晶，再貼上裝飾彩珠和珍珠糖。

3. 夾入緞帶以中等糖霜黏合，並以乾筆刷上銀色珠光亮粉。

3D Egg
立體彩蛋

Papillon

❶立體彩蛋（佩斯利花紋）
❷立體彩蛋（阿拉伯式花紋）

糖霜
基底：青苔綠＋檸檬黃／略濕
花紋：咖啡色＋黑色／中等
Rosas・貝殼擠花：咖啡色＋黑
色／硬性
葉子：青苔綠／硬性

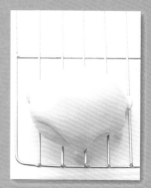

1. 將烤好的立體餅乾，以削皮刀削成光滑狀（參照P.7）。

2. 將略濕的糖霜從上方慢慢淋下。

3. 表面乾燥後，再次淋上糖霜（共淋2次）。

4. 完全乾燥後，削除邊緣多餘的糖霜並整平。

5. 以中等糖霜描繪佩斯利花紋。

6. 在邊緣擠上貝殼擠花（花嘴16號）。

7. 另一個則畫上以曲線組合成的阿拉伯式花紋。

8. 整面繪製花紋，注意不要留下太大的空隙。

9. 在邊緣擠上貝殼擠花，並以中等糖霜黏上Rosas擠花（花嘴16號）和葉子（參照P.13）。

Part.3　糖霜餅乾（創意彩繪）

Denim
丹寧風

片島裕奈

❶蕾絲丹寧風

彩繪使用色：寶藍色・白色
糖霜
輪廓線：寶藍色＋黑色／中等
填色：寶藍色＋黑色／濕性
蕾絲・縫線：白色／中等
鎖鏈・鑰匙：咖啡色＋黃色／中
等
翻糖
咖啡色＋黃色
材料
琴酒：適量
金色珠光亮粉：適量

1. 等待基底完全乾燥後，以水調合過的寶藍色描繪線條。

2. 再以白色畫線，直向橫向交錯畫出丹寧的質感。

3. 以中等糖霜描繪出蕾絲花紋。

4. 將上色的翻糖壓製成圓片狀，以印章印壓，並以剪刀剪去多餘部分。

5. 以琴酒黏上翻糖，並畫上縫線、鎖鏈和鑰匙。

6. 最後刷上金色珠光亮粉，作出金色的效果。

❷蝴蝶結丹寧風

彩繪使用色：寶藍色・白色・聖誕紅・玫瑰色・咖啡色・青苔綠
糖霜
輪廓線：寶藍色＋黑色／中等
填色：寶藍色＋黑色／濕性
蕾絲・縫線：白色／中等
翻糖
咖啡色＋黃色

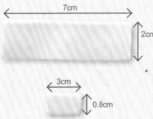

1. 製作丹寧風基底後，將上色好的翻糖擀成3mm厚，以刀子切成2×7cm和0.8×3cm的條狀。

2. 將兩頭往中央摺疊後捏起，以較短的翻糖反摺捲起（參照P.16）。

3. 畫上玫瑰圖案，等稍微乾燥後，以琴酒黏在基底上。

❸標籤丹寧風

彩繪使用色：寶藍色・白色
糖霜
輪廓線：寶藍色＋黑色／中等
填色：寶藍色＋黑色／濕性
縫線：咖啡色／中等
文字：咖啡色＋黑色／中等
玫瑰：咖啡色・咖啡色＋玫瑰色／硬性
翻糖
咖啡色＋黃色
材料
可可粉
食用裝飾彩珠
琴酒：適量
金色珠光亮粉：適量

1. 將上色好的翻糖擀成3mm厚，並以刀子切成3.5×5cm，再以乾筆塗上可可粉作出仿舊感。

2. 製作丹寧風基底後，再以琴酒黏上翻糖，並以中等糖霜描繪縫線且寫上文字。

3. 在角落壓入黏貼上裝飾彩珠，並以中等糖霜黏上玫瑰，最後再刷上金色珠光亮粉，製作出金色效果（參照P.9）。

Chalk Board

黑板彩繪

森智子

❶菜單看板

彩繪使用色：白色
【糖霜】
輪廓線：深黑可可粉＋黑色／中等
填色：深黑可可粉＋黑色／濕性
花朵：金黃色＋咖啡色‧玫瑰色＋咖啡色‧玫瑰色＋黑色／硬性
葉子：青苔綠／硬性
【材料】
食用裝飾彩珠

❷蠟燭　　　❸玻璃壓瓶

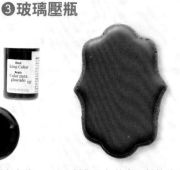

1. 以深黑可可粉和黑色色膏作出漆黑的糖霜。

2. 製作黑色基底，並等待完全乾燥。

3. 事先備妥要轉印在餅乾上的草稿。

4. 在餅乾上放上草稿，以針筆描繪出痕跡。

5. 以筆沾取白色和極少量的水，沿著草稿在餅乾上彩繪。

6. 以中等糖霜黏上玫瑰（參照P.13‧Marpol花嘴101S號），並在間隙擠上葉子（參照P.13）和圓點。

❹帽子

彩繪使用色：白色
【糖霜】
輪廓線：深黑可可粉＋黑色／中等
填色：深黑可可粉＋黑色／濕性
花朵：玫瑰色＋黑色／硬性
【材料】
食用裝飾珍珠糖

1. 擠出糖霜後轉動手腕製作出螺旋擠花（惠爾通花嘴224號），乾燥前放上珍珠糖。

2. 以筆沾取白色和極少量的水，沿著草稿在餅乾上作畫。

3. 以中等糖霜黏上布蕾絲（不可食用）和螺旋擠花。

❺人形檯

彩繪使用色：白色
【糖霜】
輪廓線：深黑可可粉＋黑色／中等
填色：深黑可可粉＋黑色／濕性
【材料】
食用裝飾彩珠
食用裝飾珍珠糖

1. 在填好色的基底上以針筆描繪草圖，再以白色畫上人形檯。

2. 在人形檯左右兩邊取畫面協調處畫上花紋。

3. 以中等糖霜黏上裝飾珍珠和彩珠，作成項鍊。

Pattern
彩繪底紋

❶大理石　　片島裕奈

彩繪使用色：黑色
糖霜
輪廓線：白色／中等
填色：玫瑰粉紅色＋黑色・黑色・白色／濕性
花紋：金黃色＋咖啡色／中等
翻糖
玫瑰粉紅色＋黑色
材料
琴酒：適量
金色珠光亮粉：適量

1. 以中等糖霜描繪輪廓線。

2. 以三種顏色的糖霜隨機交互將基底填滿，再以針筆勾勒出大理石花紋。

3. 以黑色色膏描繪出裂痕。

4. 以白色→紫色的順序將翻糖填入翻糖模中，製作出浮雕。

5. 在四個角落以中等糖霜畫上花紋。

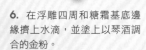

6. 在浮雕四周和糖霜基底邊緣擠上水滴，並塗上以琴酒調合的金粉。

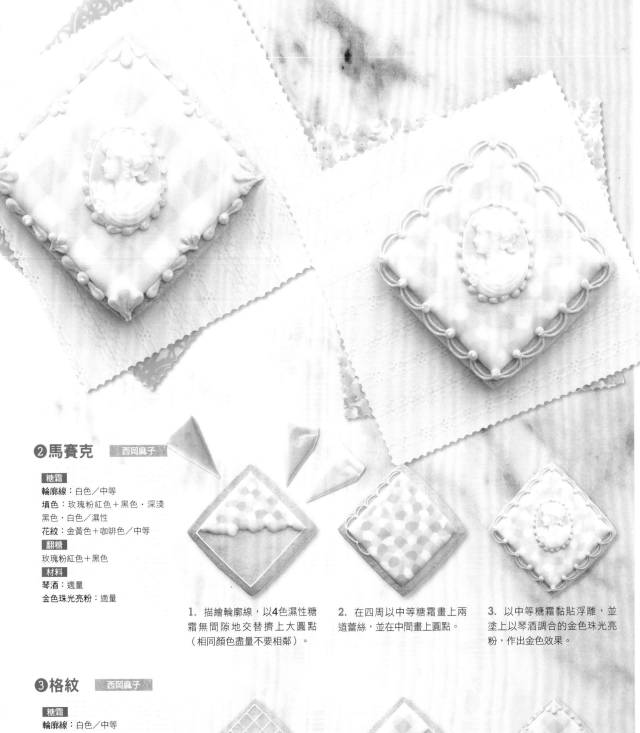

❷馬賽克　西岡麻子

糖霜
輪廓線：白色／中等
填色：玫瑰粉紅色＋黑色・深淺
黑色・白色／濕性
花紋：金黃色＋咖啡色／中等

翻糖
玫瑰粉紅色＋黑色

材料
琴酒：適量
金色珠光亮粉：適量

1. 描繪輪廓線，以4色濕性糖霜無間隙地交替擠上大圓點（相同顏色盡量不要相鄰）。

2. 在四周以中等糖霜畫上兩道蕾絲，並在中間畫上圓點。

3. 以中等糖霜黏貼浮雕，並塗上以琴酒調合的金色珠光亮粉，作出金色效果。

❸格紋　西岡麻子

糖霜
輪廓線：白色／中等
填色：白色・深淺黑色／濕性

翻糖
玫瑰粉紅色＋黑色

材料
金色珠光亮粉：適量
琴酒：適量

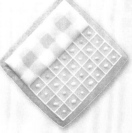

1. 以中等糖霜縱橫等距離畫出格紋的分隔線。

2. 取3色分別在格子中作上記號。一邊替換顏色，一邊迅速地一格一格填滿。

3. 貼上浮雕，並在邊緣畫上花紋。最後刷上以琴酒調合的金色亮粉。

Garden
花園

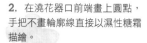

❶澆花器　松本あや香

彩繪使用色：咖啡色・黑色
【糖霜】
輪廓線：金黃色＋咖啡色／中等
填色・把手：金黃色＋咖啡色／
濕性
澆花器前端、上方
輪廓線：白色／中等
填色：白色／濕性
澆花器紋路
黑色／中等

1. 畫上各色輪廓線，表面乾
燥後再填色。

2. 在澆花器口前端畫上圓點，
手把不畫輪廓線直接以濕性糖霜
描繪。

3. 表面乾燥後，使用以水調
合的色膏彩繪。

76

❷告示牌　松本あや香

彩繪使用色：咖啡色
糖霜
填色：白色／濕性
黏著用：白色／硬性

1. 在餅乾朝上的一面與兩側以平筆刷上白色濕性糖霜。

2. 以硬性糖霜組合餅乾，並使用以水調合的色膏寫上文字。

3. 使用以水稀釋過的色膏畫上木紋。

❸盆栽　松本あや香

彩繪使用色：黑色
糖霜
盆栽
輪廓線・把手：黑色／中等
填色：黑色／濕性
把手：金黃色＋栗棕色／濕性
葉子
青苔綠＋葉綠色／中等
薰衣草
紫羅蘭＋栗棕色／中等
含羞草
金黃色＋栗棕色／中等
鈴蘭
白色／中等

1. 盆栽基底乾燥後使用以水調合的色膏彩繪。並以中等糖霜描繪葉子和花朵。

2. 含羞草描繪花莖後，以前端剪成V字的簡易擠花袋擠上葉子（P.13），並畫上花朵和把手。在適當處，畫上果實。

3. 將2.的簡易擠花袋剪出更深的V字，描繪葉子，再畫上中心線和花莖。花朵則是擠上圓點後，以針筆勾勒形狀。

❹兔子　石川久未

彩繪使用色：咖啡色＋金黃色・白色
糖霜
輪廓線：咖啡色＋金黃色／中等
填色：金黃色＋咖啡色・白色／濕性
薰衣草
青苔綠＋寶藍色／中等
紫羅蘭＋咖啡色／中等
眼睛
黑色・白色・咖啡色＋金黃色／中等
圓點：青苔綠／中等

1. 描繪輪廓線，先塗滿耳朵和腹部以外的部分，再以白色填上耳朵和腹部。顏色交界處使用針筆以畫圓的方式融合。

2. 以中等糖霜描繪眼睛，並在兔子手部上下畫出被握著的薰衣草。

3. 以色膏描繪背上和耳朵部位的毛紋。

❺野餐籃　石川久未

彩繪使用色：咖啡色＋黑色・白色
糖霜
提籃・瓶塞
輪廓線・花紋：咖啡色＋金黃色／中等
填色：金黃色＋咖啡色・白色／濕性
薰衣草
青苔綠＋寶藍色／中等
紫羅蘭＋咖啡色／中等
手帕・瓶標
輪廓線・花紋：白色／中等　填色：白色／濕性
酒瓶
輪廓線：青苔綠＋寶藍色／中等
填色：青苔綠＋寶藍色／濕性

1. 描繪輪廓線，塗滿提籃・手帕上半部和瓶子，再畫上網紋。

2. 塗上瓶標＆瓶塞，並描繪手帕下半部的輪廓線，再塗滿手帕整體（上半部共塗2次）。

3. 畫上手帕的蕾絲部分和薰衣草。以水調合過的色膏刷塗在瓶子和提籃上，製造光影效果。

Angel
天使

宮﨑典恵

❶天使（花冠）
❷天使（蠟燭）

糖霜

衣服
黑色／中等・濕性
臉手腳
咖啡色／中等・濕性
頭髮
金黃色＋咖啡色／中等・濕性
蠟燭
聖誕紅＋咖啡色・金黃色／中
等・濕性
花冠
青苔綠＋咖啡色・天藍色・粉紅
色＋橘色＋咖啡色／中等
翅膀
白色／硬性

1. 以不同顏色的中等糖霜描繪所有輪廓線。

2. 以濕性糖霜跳格填上頭髮和衣服。

3. 待表面乾燥後，填滿中央，再填上手、臉和蠟燭。

4. 以中等糖霜畫上蠟燭花紋和花冠。

5. 以裝上玫瑰花嘴（101號）的簡易擠花袋從上方開始擠出1列水滴。

6. 以稍微重疊的方式擠出4列，並作成翅膀狀。

❸愛心

彩繪使用色：咖啡色
糖霜
輪廓線：咖啡色／中等
填色：咖啡色／濕性
翅膀
白色／硬性

1. 愛心基底乾燥後，以水稀釋過的棕色色膏暈染邊緣。

2. 以細筆寫上文字。

3. 同「天使」的羽毛步驟，於兩邊各擠上4列羽毛。

Cafe lun

Merci

Bonjour

Texture
花樣

① 板材風糖霜　島田さやか

彩繪使用色：咖啡色
糖霜
白色·寶藍色＋咖啡色／硬性
花卉
聖誕紅＋寶藍色＋咖啡色／硬性
葉子
寶藍色＋咖啡色／硬性

1. 以迷你抹刀將硬性糖霜抹在餅乾上。

2. 再以抹刀刮除超出餅乾的糖霜。

3. 糖霜乾燥前，以針筆畫上愛心圖案。

4. 糖霜乾燥後，以咖啡色色膏寫上文字。

5. 在簡易擠花袋前端剪V字，從中心開始朝外側擠上葉子（連續擠出P.13的葉子）

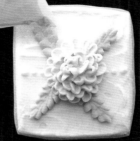

6. 以中等糖霜黏上已乾燥的擠花花朵（參照P.51）。

② 木紋風糖霜　M'Respieu

彩繪使用色：咖啡色
糖霜
基底
咖啡色·白色／硬性
Rosas
寶藍色＋深淺黑色／硬性
地錦
青苔綠／中等
葉子
青苔綠／硬性

1. 以和「板材風糖霜」相同方式抹上硬性糖霜，並刮去超出邊緣的糖霜，再以針筆畫上2道線條。

2. 糖霜乾燥前以針筆戳洞。

3. 咖啡色以水調淡後，畫上短橫線製作出木紋效果。以中等糖霜描繪地錦，並以V型花嘴擠上葉子，最後黏上Rosas（參照P.13，花嘴16號）。

Stamp
印章

杉本ともこ

❶兔子

彩繪使用色：咖啡色
糖霜
輪廓線：玫瑰色＋咖啡色／中等
填色：玫瑰色＋咖啡色／濕性

2. 以筆在印章塗上色膏。

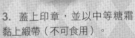

1. 完成基底並完全乾燥後，
以水稀釋的咖啡色暈染作出復
古風格。

3. 蓋上印章，並以中等糖霜
黏上緞帶（不可食用）。

❷ 鋼筆

彩繪使用色：咖啡色・黑色

糖霜
輪廓線・水滴：咖啡色／中等
填色：咖啡色／濕性

1. 完成基底後，在四周擠上水滴。

2. 以筆將水調合過的色膏塗抹暈染在周圍。

3. 印壓上塗了黑色色膏的印章就完成了。

❸ 郵票

彩繪使用色：咖啡色・黑色

糖霜
輪廓線・水滴：咖啡色／中等
填色：咖啡色／濕性

1. 基底完成並完全乾燥後，蓋上塗了黑色色膏的印章。

2. 以中等糖霜在周圍擠上水滴。

3. 使用以水調合的黑色＋咖啡色暈染邊緣。

❹ 信封

彩繪使用色：咖啡色

糖霜
輪廓線：咖啡色／中等
填色：咖啡色／濕性

翻糖
咖啡色

1. 描繪輪廓線，表面乾燥後再填滿，並使其完全乾燥。以水稀釋的咖啡色暈染邊緣並寫上文字。

2. 將翻糖擀平後，蓋上印章，並以剪刀剪去多餘部分後，再以手塑型。

3. 以咖啡色色膏上色，乾燥後在基底上黏貼中等糖霜。

❺ 懷錶

彩繪使用色：咖啡色

糖霜
輪廓線：葉綠色＋咖啡色／中等
填色：粉紅色＋紫羅蘭＋咖啡色・葉綠色＋咖啡色／濕性

翻糖
金色珠光亮粉

1. 描繪輪廓線，擠入兩色糖霜後隨意填滿（粉紅色較多）再以針筆勾勒出大理石紋。待完全乾燥後，作法和「信封」相同，皆以咖啡色暈染邊緣。

2. 蓋上模版並固定好，塗上咖啡色色膏。

3. 移開模版並放置乾燥，待表面乾燥後，刷上金色亮粉。

Elegant
Flower

優雅花卉

❶緞帶花朵 saku × saku

彩繪使用色：紅色＋咖啡色‧寶
藍色‧咖啡色‧綠色‧白色

糖霜
輪廓線：咖啡色＋檸檬黃／中等
填色：咖啡色＋檸檬黃／濕性
花紋：咖啡色＋檸檬黃／中等

材料
金色珠光亮粉：適量
琴酒：適量

1. 完成糖霜基底後，在邊緣裝飾水滴花紋，以平筆描繪紅色＋咖啡色緞帶。

2. 可於緞帶的顏色較深之處重疊上顏色，作出深淺。

3. 描繪玫瑰花的輪廓後，畫出深淺立體感，最後刷上金色亮粉，呈現閃耀效果。

❷薔薇 生駒美和子

彩繪使用色：紅色（no taste）‧
白色‧紫羅蘭＋白色‧青苔綠

糖霜
輪廓線：咖啡色＋檸檬黃／中等
填色：咖啡色＋深淺檸檬黃／濕性
花紋：咖啡色＋檸檬黃／中等

材料
金色珠光亮粉：適量
琴酒：適量

1. 烘烤前先在餅乾上壓出小一圈的印記。出爐後先描繪一個區塊，待乾燥後，再填滿剩餘部分，分次完成基底。最後畫上玫瑰、葉子和圓點。

2. 以白色描繪玫瑰花瓣的紋路。

3. 最外圈作出立體紋路，再刷上以琴酒調合而成的亮粉，作出鍍金效果。

❸銀蓮花 辻千惠

彩繪使用色：聖誕紅‧黑色‧葉綠色＋黑色‧檸檬黃＋咖啡色

糖霜
輪廓線：咖啡色＋檸檬黃／中等
填色：咖啡色＋檸檬黃／濕性
圓點：咖啡色＋檸檬黃／中等

材料
金色珠光亮粉：適量
琴酒：適量

1. 待基底完全乾燥後，以水稀釋的淡紅色畫出5至6片花瓣。由中心朝外移動筆刷較佳。

2. 以細筆沾取加水較少的深紅色，描繪花瓣紋路。

3. 以黑色細細地勾勒輪廓，並畫出花芯。

4. 以黑色＋深淺綠色描繪葉子。

5. 以平筆將水稀釋咖啡色＋黃色的色膏畫出一個外圍圈。

6. 以平筆沾取少量琴酒調合過的金色珠光亮粉，塗在包圍四周的線條和圓點上。

Motif
主題圖案

Aglaia

❶香水瓶
❷女孩房間

彩繪使用色：咖啡色・玫瑰色・
黑色・橘色
【糖霜】
輪廓線：白色／中等
填色：白色／濕性
圓點：深黑可可粉・白色／中等

1. 先完成基底，待完全乾燥後，以黑色描繪彩繪圖案的輪廓。

2. 以水調合過的色膏上色。

3. 像花朵般擠上黑、白圓點裝飾邊緣。

❸高跟鞋
❹噴霧香水瓶

彩繪使用色：白色・葉綠色・聖誕紅・咖啡色
【糖霜】
輪廓線・圓點：深黑可可粉／中等
填色：深黑可可粉／濕性
圓點：深黑可可粉・白色／中等

1. 完成黑色基底後，等待完全乾燥，再以白色色膏描繪圖案輪廓。

2. 使用以水調合的色膏上色。

3. 將黑、白糖霜擠成像花朵般的圓點包圍四周。

❺直條紋＆蝴蝶結

彩繪使用色：白色
【糖霜】
輪廓線：深黑可可粉・白色／中等
填色：深黑可可粉・白色／濕性
圓點：深黑可可粉・白色／中等
蝴蝶結：聖誕紅＋檸檬黃／中等
【材料】
細白砂糖
食用裝飾珍珠糖

1. 基底各塗上一半黑色和白色，待完全乾燥後，以平筆塗將直條紋各塗兩次，使白色較為明顯。

2. 描繪蝴蝶結的輪廓線，中間也以中等糖霜填色。

3. 在蝴蝶結乾燥前，撒上細白砂糖，中央黏上食用珍珠，並在邊緣畫上圓點。

Fruit
水果

saku × saku

❶相框

糖霜

基底

輪廓線・花紋：栗棕色＋深淺寶藍色／中等

填色：栗棕色＋深淺寶藍色／濕性

中央部分

填色：檸檬黃＋咖啡色／濕性

材料

金色珠光亮粉：適量

琴酒：適量

1. 橢圓形以針筆作上記號後，在餅乾上描繪輪廓線。

3. 以中等糖霜描繪圖樣，再以金色珠光亮粉作出金色的效果。

2. 先填上邊框，待表面乾燥後，再填中間白色部分。

❷橘子

彩繪使用色：橘色·檸檬黃·咖啡色·青苔綠·白色

1. 待基底完全乾燥後，以橘色描繪果實。

2. 描繪葉子和花朵。

3. 以白色畫出橘子的光澤，並在下方畫出陰影。

❸葡萄

彩繪使用色：紫羅蘭·紅色·咖啡色·青苔綠

1. 待基底完全乾燥後，畫上葉子。

2. 描繪葡萄果實。

3. 畫上地錦和葉子。

❹草莓

彩繪使用色：紅色·檸檬黃·咖啡色·青苔綠·白色

1. 待基底完全乾燥後，畫上草莓果實。

3. 畫上地錦、花朵和種子。

2. 描繪蒂頭和葉子。

Antique
Letter
懷舊信件

山根英梨子

❶信件

彩繪使用色：咖啡色

糖霜
輪廓線：檸檬黃＋咖啡色／中等
填色：檸檬黃＋咖啡色／濕性

 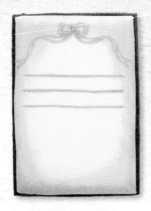 

1. 將完成的基底邊緣由外向內使用以水調合的咖啡色渲染。

2. 使用細筆畫上蝴蝶結和6條橫線。

3. 以法語寫上文字和簽名。

❷兔子圖

彩繪使用色：咖啡色

糖霜
輪廓線：檸檬黃＋咖啡色／中等
填色：檸檬黃＋咖啡色／濕性

1. 以和「信件」的1.相同步驟，作出古董風基底，並淺淺地畫上兔子輪廓。

3. 描繪草、文字和睫毛。

2. 逐漸重疊上顏色，畫出毛紋後加上陰影，呈現出立體感。

❸羽毛筆

彩繪使用色：咖啡色

糖霜
輪廓線：檸檬黃＋咖啡色／中等
填色：檸檬黃＋咖啡色／濕性
羽毛紋路：檸檬黃＋咖啡色／中等

1. 製作羽毛基底，並以簡易擠花袋的尖端以摩擦方式描繪數條羽毛。

2. 以由上往下且上細下粗的方式在羽毛中央畫上羽軸。

3. 以水調合的色膏由內往外一根一根地描繪紋路。

❶剪影蝴蝶

彩繪使用色：咖啡色

糖霜

黑色／中等
輪廓線：白色／中等
填色：白色／濕性

1. 在烘焙紙上製作剪影，並完全乾燥備用。

2. 在塗白並確實乾燥的基底上，以少量水調合的黑色色膏塗抹印章並壓印。

3. 蓋印的圖案乾燥後，在邊緣擠上水滴。以中等糖霜擠上身體，並裝上羽毛，最後以鋁箔紙固定，放置乾燥。

❷黑白蝴蝶

彩繪使用色：黑色

糖霜

輪廓線：白色／中等
填色：白色／濕性

1. 基底並完全乾燥後，以黑色描繪輪廓。

2. 蝴蝶的翅膀內部以黑色畫出花紋。

3. 以中等糖霜在邊緣擠上水滴。

Butterfly
蝴蝶

Papillon

❸ 三色菫 & 蝴蝶

彩繪使用色：黑色・青苔綠・金黃色・寶藍色・玫瑰色

糖霜
輪廓線：白色／中等
填色：白色／濕性

1. 以黑色描繪整體輪廓。

2. 一邊觀察整體平衡，一邊寫上文字。

3. 以水稀釋的色膏著色。

❹ 鈴蘭

彩繪使用色：黑色・青苔綠

糖霜
輪廓線・圓點：白色／中等
填色：白色／濕性

1. 製作基底並確實乾燥後，以黑色描繪圖案輪廓。

2. 以綠色為葉子著色。

3. 寫上文字後，在四周擠上水滴。

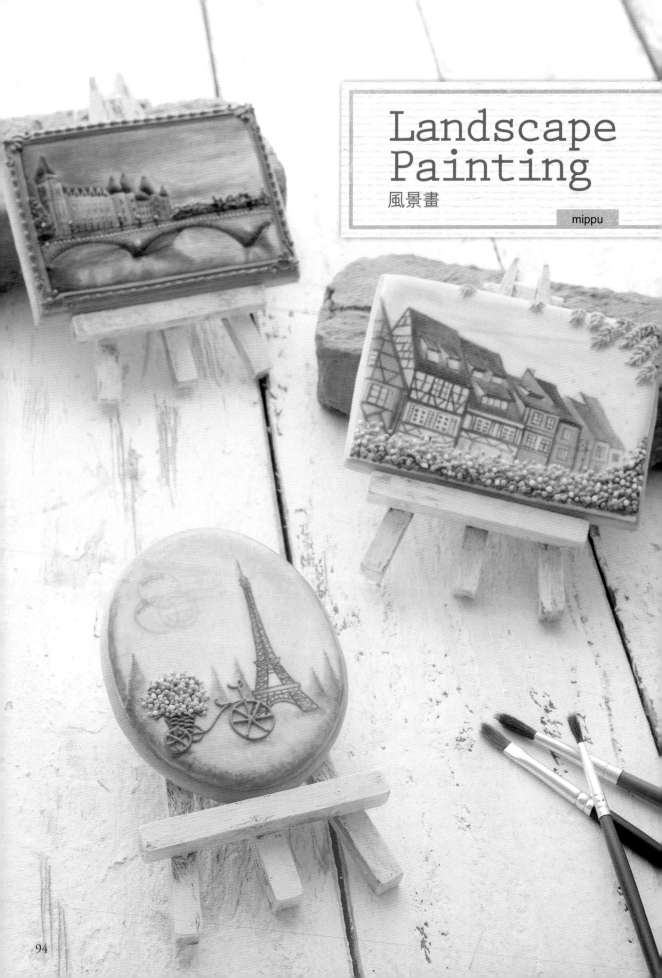

Landscape
Painting

風景畫

mippu

❶艾菲爾鐵塔

彩繪使用色：咖啡色‧青苔綠‧
檸檬黃
【糖霜】
輪廓線：白色／中等
填色：白色／濕性
腳踏車
咖啡色／中等
花籃
青苔綠‧玫瑰色‧檸檬黃／中等
艾菲爾鐵塔
咖啡色／中等

1. 在確實乾燥的基底上，使用以少量水調合的深咖啡色描繪艾菲爾鐵塔和周圍樹木的輪廓。

2. 樹林以青苔綠‧黃色‧咖啡色等三色進行彩繪，並畫出光影。

3. 以淡咖啡色畫上郵戳後，在餅乾上由外往內作出深咖啡色→淺咖啡色的漸層。再以糖霜畫上腳踏車和花籃。

❷法國街景

彩繪使用色：咖啡色‧黑色‧檸檬黃‧粉紅色‧天藍色‧寶藍色‧橘色‧聖誕紅
【糖霜】
輪廓線：白色／中等
填色：白色／濕性
草花
青苔綠‧檸檬黃‧玫瑰色／中等

1. 使用筆刷描繪淺淺草圖，並在房子著色。

3. 以糖霜繪製草花。

2. 以深咖啡色描繪房子框架，並畫上天空。

❸賽納河

彩繪使用色：咖啡色‧橘色‧檸檬黃‧黑色‧寶藍色‧天藍色‧青苔綠
【糖霜】
輪廓線：白色／中等
填色：白色／濕性
建築物‧橋樑
白色／中等‧濕性
街燈
黑色‧橘色／中等
燈火
檸檬黃／中等
樹林
青苔綠／中等

1. 在烘焙紙上描繪並填滿建築物和橋樑的形狀後，放置乾燥備用。

3. 彩繪建築物‧橋樑‧樹木（陰影）‧河川‧天空，再以糖霜畫上燈光和街道，並在四周畫上喜愛的邊框。

2. 在基底乾燥前，放上從烘焙紙上取下的建築物和橋樑，並以糖霜描繪樹林。

烘焙良品 57

蕾絲‧荷葉‧花邊‧格紋‧立體雕花
法式浪漫古典
糖霜餅乾（暢銷版）

....

作　　　者／	一般社団法人 日本サロネーゼ協会 桔梗 有香子
譯　　　者／	周欣芃
發　行　人／	詹慶和
執 行 編 輯／	李佳穎‧蔡毓玲
編　　　輯／	劉蕙寧‧黃璟安‧陳姿伶
封 面 設 計／	韓欣恬
美 術 編 輯／	陳麗娜‧周盈汝
內 頁 排 版／	韓欣恬
出 版 者／	良品文化館
郵政劃撥帳號／	18225950
戶　　　名／	雅書堂文化事業有限公司
地　　　址／	220新北市板橋區板新路206號3樓
電 子 信 箱／	elegant.books@msa.hinet.net
電　　　話／	(02)8952-4078
傳　　　真／	(02)8952-4084

....

2022年5月二版一刷　2016年8月初版　定價380元

....

FRENCH ANTIQUE NA ICING COOKIE
©Japan salonaise association 2015.
Originally published in Japan in 2015 by NITTO SHOIN
HONSHA CO., LTD., TOKYO,
Traditional Chinese translation rights arranged through
TOHAN CORPORATION,
TOKYO.
and KEIO CULTURAL ENTERPRISE CO., LTD.

....

經銷／易可數位行銷股份有限公司
地址／新北市新店區寶橋路235巷6弄3號5樓
電話／(02)8911-0825　傳真／(02)8911-0801

....

版權所有‧翻印必究

（未經同意，不得將本書之全部或部分內容使用刊載）
本書如有缺頁，請寄回本公司更換

國家圖書館出版品預行編目(CIP)資料

法式浪漫古典糖霜餅乾：蕾絲‧荷葉‧花邊‧
格紋‧立體雕花 / 桔梗有香子著；周欣芃譯.
-- 二版. -- 新北市：良品文化館出版：雅書堂
文化事業有限公司發行，2022.05
　面；　公分. -- (烘焙良品；57)
ISBN 978-986-7627-41-4 (平裝)

1.點心食譜

427.16　　　　　　　　　　110019444

STAFF

攝　　　影／	村上佳奈子
風 格 搭 配／	上田浩美　五十嵐明貴子
	廣高都志子
製　　　作／	畑ちとせ　吉岡佐樹子
	福井直子
製 作 助 理／	日本サロネーゼ協会
	糖霜クッキー
	認定講師
封 面 設 計／	ME&MIRACO CO.,Ltd
設　　　計／	宮下晴樹 (有限会社
	ケイズプロダクション)
編輯‧企劃／	山田稔 (有限会社
	ケイズプロダクション)